生态文明案例集

中央党校（国家行政学院）科研部　编

中央党校（国家行政学院）国家高端智库
『国家治理研究』丛书系列

中共中央党校出版社

图书在版编目（CIP）数据

生态文明案例集 / 中央党校（国家行政学院）科研部编 .-- 北京：中共中央党校出版社，2021.12

ISBN 978-7-5035-7232-6

Ⅰ. ①生…　Ⅱ. ①中…　Ⅲ. ①生态环境建设－案例－中国　Ⅳ. ① X321.2

中国版本图书馆 CIP 数据核字（2021）第 255477 号

生态文明案例集

策划统筹　冯　研
责任编辑　李俊可
责任印制　陈梦楠
责任校对　李素英
出版发行　中共中央党校出版社
地　　址　北京市海淀区长春桥路 6 号
电　　话　（010）68922815（总编室）　（010）68922233（发行部）
传　　真　（010）68922814
经　　销　全国新华书店
印　　刷　北京盛通印刷股份有限公司
开　　本　710 毫米 ×1000 毫米　1/16
字　　数　228 千字
印　　张　16
版　　次　2021 年 12 月第 1 版　2021 年 12 月第 1 次印刷
定　　价　58.00 元

微　信 ID：中共中央党校出版社　　**邮　　箱**：zydxcbs2018@163.com

目　录

贾汪真旺：百年煤城的绿色“转型样本”

2017年12月12日，党的十九大之后习近平总书记的首次地方调研选择了江苏徐州。他夸赞贾汪转型实践做得好，现在是“真旺”了。潘安湖原来是采煤塌陷区，经过生态修复，变成了湖阔景美的国家湿地公园。习近平总书记强调，塌陷区要坚持走符合国情的转型发展之路，只有恢复绿水青山，才能使绿水青山变成金山银山。习近平总书记走进马庄村文化礼堂，饶有兴致地观看了一段快板，他指出加强精神文明建设在这里看到了实实在在的落实和弘扬。实施乡村振兴战略不能光看农民口袋里票子有多少，更要看农民精神风貌怎么样。

徐州是中国重要的煤炭产地，开采历史悠久，时任徐州知州的苏轼在《石炭诗》小序中记载，北宋元丰元年（1079年）在徐州东南白土镇（现萧县白土镇）发现并开始利用煤炭资源。近代以来，贾汪区是中国较早采用现代工业技术和组织形式大规模开发煤炭资源的地区，是徐州煤炭生产基地的重要组成部分，素有“百年煤城”的称号。

一、煤城百年变迁：“因煤而成，因煤而兴，因煤而困”

光绪六年（1880年），因洪水冲刷，贾汪一带发现了较大规模的露天煤线。光绪八年（1882年）洋务派首领左宗棠上奏光绪皇帝“请开江苏利国煤矿”，南京候补知府胡恩燮来徐州筹办矿务。1884年第一座煤炭矿井在贾汪成功开采，这也成为贾汪这座“百年煤城”的重要起点。胡恩燮采取了股份公司的办矿思路，企业资金全部以股份形式筹集，利润基本以股份多少分配，工人全部采取雇佣工资，产品全部投放市场，企业市场导向的特征非常明显。在技术层面，尽管煤矿依然是土法采煤，许多生产环节仍然依靠人工，但是已经开始将西方的大机器应用到煤矿的部分关键生产环节，例如蒸汽动力和机器抽水等，有效地扩大了开采的范围，增加了煤炭的产量。

历经晚清末年的混乱时局，1912年袁世凯的族弟袁世传接办徐州煤矿，建立了“徐州贾汪煤矿有限公司”，制定了开凿深井、增加生产、修建铁路、扩大销售的发展规划，铺设贾汪至柳泉的轻便铁道，将矿山与新通车的津浦铁路连接，煤炭产量从1916年的3万吨，上升到1923年的18万吨。1931年2月7日，刘鸿生接手煤矿后，成立了华东煤矿股份公司，引进了更为先进的技术设备，开始使用电力设备开展生产，开凿了深达300米以上的竖井，公司也拥有了更大的采掘区域，1936年煤炭产量达到了34.7万吨。

新中国成立后，国家进一步加大了煤矿建设的投入力度，1953—1958年大规模建设新矿井，1958年原煤产量达到345万吨，20世纪60年代和70年代又相继建成10处矿井，1977年原煤产量突破1000万吨，煤炭产业成为贾汪的重要支柱产业。贾汪最鼎盛时共有近300对大小煤矿，成为徐州地区最重要的煤炭产地，累计出产原煤3.6亿吨，为江苏省乃至全国经济社会发展做出了突出贡献，贾汪区也因此赢得了“百年煤城”的美誉。

长期的煤炭开采也导致了区域生态环境的恶化。有人戏称贾汪“炭黑水黑人亦黑，乌鸦落在黑炭堆，孝子赶着绵羊过，走出贾汪也变色”。持续的开采带来了道路坑洼断裂、村庄沉降破败、农田荒芜淹没等问题。全区土地塌陷面积高达13.23万亩，占全市塌陷地面积的1/3以上。过度依赖煤炭开采也导致产业结构单一，严重影响了当地的生产和生活。

2001年7月22日，贾汪区岗子村煤矿（五副井）发生特大瓦斯煤尘爆炸事故，造成92人死亡，直接经济损失达538.22万元[①]。随后徐州市对全市所有小煤矿实行停产整顿，陆续关停了226对矿井，到2016年10月，贾汪境内最后一座煤矿（旗山煤矿）关闭，彻底结束了贾汪煤炭开采的历史[②]。

长期以来，煤炭产业一直是贾汪区经济的重要支柱、财政的重要来源、就业的重要渠道，关闭小煤矿不仅导致经济总量的萎缩、财政收入的锐减，也明显影响到交通运输、港口码头等相关行业的发展。从某种意义上讲，煤矿的关闭意味着贾汪发展进程中一个阶段的结束，标志着贾汪进入了“无煤”时代。

二、无煤如何有为：“把矿井关了，咱换个活法”

因矿设区、因煤而兴的贾汪，生产生活已经与煤矿息息相关、密不可分。孔令民住在西段庄社区，他骄傲地自称是孔子的第76代孙。西段庄社区位于运河北，西边与马庄连接，北边与唐庄、白集连接，东边与西大吴村、南边与瓦店接壤。权台煤矿就坐落在村庄的西南部。310国道横穿而过。说起煤炭开采的日子，孔令民说：“我们农村人那时从来不敢穿白衣服，到处都是黑灰，一天下来，领口、袖口全部黢黑一片，晒个衣服、被褥啥的，很快就脏了。”

孔令民说：“我们这个村，就处在矿脉最深处，也就是锅底的最底部，最深的煤层就在我们村下面。1956年权台矿建矿，煤矿红火的时候，我

---

① 《失职渎职藏祸根　非法开采酿惨剧：2001年江苏徐州市“7·22”瓦斯煤尘爆炸事故》，《安全生产与监督》2016年第5期。

② 蒋波：《江苏徐州：从“一城煤灰”到青山绿水》，《经济日报》2020年1月10日。

们村民的日子也红火。依托煤矿，我们村受益也最多、受害也最多。

煤矿关了，村民们一下子没有了生活来源，挖鱼塘、搞养殖虽然解决了一部分劳动力，但70%左右的青壮劳动力还是选择外出打工，年轻的到黑龙江、山西、广州、深圳去，年龄大的就在附近干干建筑、倒腾蔬菜挣点零花钱。一座因煤而兴的小城，在关闭全部矿井之后，能换一种什么活法？

面对百年采煤史给这座城市留下了道路断裂、村庄淹没、农田沉降的系列问题，贾汪区委区政府痛定思痛，果断舍弃简单依靠能源开采发展的传统路径，坚定走生态优先、绿色发展的路子。2010年3月，贾汪区正式对潘安湖采煤塌陷区实施改造，改造不仅要有决心，更要有智慧。

贾汪区利用采煤塌陷形成的地形地貌，通过“挖深填浅、分层剥离、交错回填”为核心的土壤重构技术，开始了恢复土地生态调节功能的艰辛历程。

贾汪区积极争取国家和省、市政府的支持，2011年被列为江苏省唯一的国家资源枯竭城市，省、市也相继出台《关于支持徐州市贾汪区资源枯竭城市转型发展的意见》等配套文件，政策的有效叠加为贾汪经济社会发展的华丽转身奠定了重要的宏观基础。

潘安湖管委会副主任胡昌龙介绍，“潘安湖采煤塌陷区改造是新中国成立以来江苏省单体投资最大的一宗土地整改项目，塌陷区域占地17400亩，是‘基本农田整理、采煤塌陷地复垦、生态环境修复、湿地景观开发’四位一体的综合项目”。在原来一片废墟的塌陷地上，建设成了总面积10平方公里，其中水面7000亩、湿地景观2000亩的国家级水利风景区，成为全国采煤塌陷治理、资源枯竭型城市生态环境修复再造的样板。

孔令民说，贾汪区当年开始开发修复潘安湖景区的时候，村民们很不理解，虽然人均只有分把地（0.1亩左右），但还是认为继续种地好，也有人留恋矿区的补贴，即使给予一次性补偿，也不愿意搬迁整治。随着土地治理、景区建设、民居拆迁，西段庄发生了翻天覆地的变化，从落后村居变成了现代化社区，老百姓得到了实惠，观念也发生了变化。

潘安湖这项工程投入了20多亿元，当时花那么多钱进行生态修复还是有很大争议的，很多人担心投下去的钱能否拿回来，什么时候能够拿回来。贾汪区坚持一张蓝图绘到底，一任接着一任干，将原来的塌陷地整治为建设用地，不断完善公共服务设施，通过发展产业、土地出让等措施，当初投入的资金已基本收回；同时，生态修复再现绿水青山、塌陷地变为生态大花园，良好的生态环境已经成为区域的新名片，生态优势也再造了新的发展优势和富民优势。

在做好潘安湖项目的同时，贾汪区还对城区周边的其他采煤塌陷地也进行环境修复治理，地表严重损毁、道路破损等状况得到了大规模的根治，变“一地盆景”为“全域风景”。目前，贾汪区已经实施验收合格的采煤塌陷地复垦项目82个，治理总面积6.92万亩，实际新增耕地4.11万亩，累计投入复垦资金5亿元，实施国家重点项目2个、国家农业综合开发塌陷地复垦项目5个、省耕地占补平衡项目58个[①]。

2017年12月12日下午，习近平总书记来到潘安湖神农码头，深入了解塌陷区治理情况，夸赞贾汪转型实践做得好，现在是“真旺”了。习近平总书记强调，塌陷区要坚持走符合国情的转型发展之路，只有恢复绿水青山，才能使绿水青山变成金山银山。

三、环境就是资源：“有什么样的生态就有什么样的产业。”

贾汪历届区委、区政府牢牢把握中央和省、市的政策叠加机遇，在转型发展的道路上艰苦探索、保持定力、久久为功，全力做好接续替代产业培育、生态修复再造、棚户区改造等系列工程，推动贾汪发展进入了快车

① 姚雪青:《煤矿塌陷区 变身大花园》,《人民日报》2017年12月15日。

道，走出了一条具有贾汪特色的转型道路。

“习近平总书记视察贾汪后，我们更加坚定了走生态良好发展之路，不断为湿地生态环境建设添砖加瓦”。贾汪区水务局副局长王业超说。多年来，潘安湖周边的排水河道存在淤积问题，不仅影响水生态环境，还导致河道功能无法正常发挥。潘安湖片区水系连通工程目前施工进度达90%，9 条主要河道的清淤疏浚已完成。在此基础上，围绕城区周边塌陷地修复，修建了以煤矿为主题的公园——五号井矿工公园，建设了凤凰泉湿地公园，对人民公园进行修复改造并更名为东方鲁尔广场，成了居民们休闲娱乐的新去处。

生态修复与治理改造，是一个持续性的过程，需要壮士断腕的勇气和久久为功的恒心。为了保护好这方山水，贾汪全面淘汰“五小”落后产能，49 条中小型水泥生产线全部拆除，84 家小炼焦厂、小钢铁厂等企业依法关闭或取缔。同时，通过荒山造林，实行蓝天工程、碧水工程等措施，下活了一盘生态棋，换来了一城绿水青山。

“有什么样的生态就有什么样的产业”。过去，生态环境较差的时候，贾汪区曾经上了一些高污染高耗能的项目。如今，生态环境好了，支柱产业也发生了显著的变化。眼下，在潘安湖边上，不仅吸引了牟特科技（北京）有限公司电机电控项目、江苏康迅数控装备项目等一大批科技含量高、资源消耗低的新兴产业落地生根，还在附近规划建设了 20 平方公里的徐州市科教创新区，未来将成为高端人才、高端产业的集聚地。良好的生态环境已经成为贾汪区招商引资的新名片、新优势，产业结构逐步实现绿色转型发展，算算生态账，再算算经济账，绿水青山正在为贾汪区带来源源不断的财富。

四、共享绿色福利：“是潘安湖的生态修复，让我换了个活法！”

贾汪区马庄村80岁的村民王秀英高兴地说：“是潘安湖的生态修复，让我换了个活法！”王秀英是国家级非物质文化遗产项目“徐州香包”代表性传承人。20世纪七八十年代，马庄村自建了4对小煤窑，她家中先后两代人在煤矿上打工；尽管有缝制香包的绝活，但出了村子知道她这门手艺的人并不多，更难以靠此谋生。

潘安湖的生态修复让王秀英老人过上了她“想都不敢想”的生活。身边的潘安湖湿地公园，湖阔景美、飞鸟蹁跹、游人如织。依托潘安湖湿地公园的旅游热潮，王秀英老人的特长也有了用武之地。在区里的帮助下申请了“非遗”，并在潘安湖湿地公园不远处设立了工作室，还招收学徒、举办展览，最近又将布艺合作社发展壮大成为徐州艺香香包有限公司，从制作到加工，从线下销售到在线直播，全村香包相关产值超过600万元，带动了周边200多位村民共同致富。王秀英老人店里的生意很旺，特别是针织香包已经卖到脱销，她高兴地说：“潘安湖就像是个绿色银行，带动我们周边村民致富了。”

好生态也能当“饭”吃。潘安湖湿地公园每年吸引国内外游客600万人次，巨大的客流资源推动了众多的相关产业发展，许多原来失业的矿工和外出打工的百姓纷纷回乡，有的直接在潘安湖景区里打工，有的从事休闲农业和乡村旅游，自己开农家乐、办民宿，还有的开发了新的乡村民俗产业，收入相对于打工有了非常明显的提高。“矿二代”孟松转行学起了厨师，在村西头开办了农家乐餐饮，上门客人络绎不绝，到了旺季生意尤其火爆。村民徐刚瞅准了机遇，联合上百名村民共同创业，打造的潘安湖婚礼小镇，是全国首个婚礼特色小镇、全省十佳婚庆品牌，这种把旅游休闲导入婚宴的模式，迎合了年轻人的浪漫情怀，不仅新人能有一个轻松完美的回忆，也让亲朋好友们更能体会到喜宴的乐趣。马庄村老书记孟庆喜建立的苏北第一支农民铜管乐团，不仅极大丰富了村民的文化生活，也成为马庄村的文化符号，促进了全村党建、经济、文化、生态文明等多方面工作，乐团在国内外演出已超过8000多场次。习近平总书记视察马庄时，夸赞乐团“编得好，演得好！”他建议乐团加大创新，做出更多服务百姓的好作品，更好地服务于农村精神文明建设。

产业的兴旺增加了生态的亮色。贾汪区在改变生态的实践中也打响了生态牌，先后建成了卧龙泉生态博物园、墨上集民俗文化园、茱萸养生谷、龙山温泉等一批生态休闲观光项目，具有浓郁的地方特色的唐耕山庄、织星庄园等农家乐项目，大洞山风景区、紫海蓝山薰衣草文化创意园等已成为周边百姓休闲度假的好去处。2010年前，贾汪还没有一家旅行社，也留不住游客。眼下已有国家4A级景区4家、3A级景区1家，四星级乡村旅游示范点11家。2019年，旅游人数达到630万人次，旅游综合收入21亿元。潘安湖湿地成功创建成国家4A级景区、国家湿地公园、国家级水利风景区、国家生态旅游示范基地、国家湿地旅游示范基地，成为淮海经济区一颗璀璨的生态明珠。

近年来，贾汪区持续加大农村住房改善和棚户区改造力度。贾汪区征收办主任史石磊说，“2018年，我们展开了规模空前的棚户区改造，共实施改造项目18个，征收面积201.19万平方米，涉及居民8065户”。[①]

“村里的老姊妹现在成了楼上楼下的邻居，还能和以前一样串门拉呱，这日子可比从前好到了天上”！在贾汪新城的泉城花都小区，2019年入住的宗庄村村民陈玉莲兴奋地说，“小区环境好，楼房带电梯，正适合养老”。她家在棚改中分到3套房，原本在外打工的儿子返乡干起了旅游，如今一家五口共享天伦。宗庄村村民委员会也搬进了“新家”。一楼设置了综合服务中心，可供村民在家门口办理各项生活相关业务；二楼设置了儿童乐园、图书室、调解室等活动场所，全天对小区居民开放。

① 刘宏奇、王岩、岳旭：《百年煤城转型，打造全国典范》，《新华日报》2019年9月26日。

“我们村还制定了一张新时代文明实践项目清单，包含思想宣传、农技培训、文化演出等内容，动员更多志愿者参与进来”！宗庄村村支部书记吴飞说，服务送到百姓的家门口，乡亲们感到很满意。

贾汪区委书记杨明指出，当前贾汪的产业转型阵痛期已经过去，产业基础正在夯实，贾汪要坚持经营城市和振兴产业双轮驱动，进一步跳出“郊区意识”“小区思维”，立足“徐州后花园、城市副中心、重要功能区、山水生态城”的发展定位，推进“四个对接”，即对接徐州市主城区，做好城市后花园；对接徐州经济技术开发区，做好承接产业转移；对接徐工集团和徐矿集团，做好重大项目招引；对接枣庄市台儿庄区，做好文旅融合发展。按照“一体两翼、向西向南、七纵七横、融入主城”的城市发展路径，突出规划引领和交通先行，推动贾汪城区、潘安湖科教创新区、大吴临港新城“三区融合”，做到相互对接、相互融入、相互促进，拉开城市框架，提升发展能级，在深化淮海经济区中心城市建设中贡献贾汪力量、展现贾汪担当。

作者简介

李宗尧，中共江苏省委党校（江苏行政学院）校务委员、经济学教研部主任、教授。

敢为天下先，青山变金山

——全国林改第一县绿色崛起之路

2018 年 1 月 15 日，习近平总书记对林改策源地武平县捷文村群众来信作出重要指示："希望大家继续埋头苦干，保护好绿水青山，发展好林下经济、乡村旅游，把村庄建设得更加美丽，让日子越过越红火。"武平干部群众奔走相告，深受鼓舞、倍感珍惜。

21 世纪初，林业发展"乱砍滥伐难制止、林火扑救难动员、造林育林难投入、林业产业难发展、望着青山难收益"五大难题是全国农村林区的普遍困境。为破解"五难"困境，2001 年 6 月龙岩市武平县以捷文村为试点，开启了一场自我革命，在全国率先开展以"明晰产权、放活经营权、落实处置权、确保收益权"为主要内容的集体林权制度改革。在当时，试点做法既没有先例可循，更没有上级文件依据，全县上下压力巨大。在这关键时刻，2002 年 6 月，时任福建省长的习近平同志到武平调研，毅然作出"集体林权制度要像家庭联产承包责任制那样从山下转向山上"的重大决定，并在现场作出指示"林改的方向是对的，要脚踏实地向前推进，让老百姓真正受益"，为武平林改一锤定音。随后，武平林改实践模式逐步推向福建全省，进而上升为国家决策，后来被形象地称为林改"武平经验"。武平，也由此被誉为"全国林改第一县"。2017 年 5 月 23 日，习近平总书记再次对集体林权制度改革作出重要指示，明确要求继续深化集体林权制度改革，更好实现生态美、百姓富的有机统一。2017 年 7 月 26—27 日，全国深化集体林权制度改革现场经验交流会在武平召开，时任中共中央政治局委员、国务院副总理汪洋莅会并作重要讲话。

一、背景情况

武平县位于福建省西部，是龙岩市7个县（市、区）之一，面积2630平方公里，辖17个乡镇（街道）、225个村（居），截止到2020年末，全县户籍人口39.93万，常住人口27.6万人，其中城镇人口14.13万人，人口自然增长率6.1‰。武平县南邻广东省梅州市蕉岭县、平远县，西接江西省赣州市寻乌县、会昌县，具有“一脚踏三省、三省一日还”的特殊区位，境内有永武、古武两条出省高速和正在建设的龙龙高速铁路，是福建省对接粤港澳大湾区的西南门户。全县森林覆盖率79.7%。全县土地面积395.27万亩，其中林地面积318.03万亩，占80.5%；耕地44.19万亩，占11.2 %，耕地中水田40.55万亩，旱地3.57万亩。粮食播种面积2.38万公顷，粮食产量15.28万吨。全县水资源分属汀江、韩江（梅江）、赣江三大水系。共有河流234条，总长度2641公里，流域面积2573平方公里。其中：韩江（梅江）水系流域面积1358平方公里，占54.1%；汀江水系流域面积1073平方公里，占40.5%；赣江水系流域面积141平方公里，占5.4%。全县流域面积200平方公里以上的河流有4条，分别是中山河（1125平方公里）、桃溪河（689平方公里）、中赤河（436平方公里）、帽村河（299平方公里）。武平矿产资源丰富，现有矿产37种。已探明或部分探明储量的有金、银、铜、稀土、石灰石、煤炭、白云岩、萤石、钼、高岭土、大理石、锰矿、膨润土13种。重要矿产资源有煤炭、石灰岩、白云岩、膨润土、银铜多金属、高岭土等。

2020年，武平县连续五年荣膺福建省县域经济发展“十佳”县，发展质量和效益稳步提升。全县实现地区生产总值273.38亿元，比上年增长4.7%。其中：第一产业增加值41.01亿元、增长2.6%；第二产业增加值 114.47 亿元、增长 5.0%（工业增加值 72.67 亿元、增长 3.6%，建筑业增加值 41.8 亿元、增长 7.7%）；第三产业增加值 117.89 亿元、增长 5.1%；固定资产投资增长 0.2%；社会消费品零售总额 139 亿元、增长 0.7%；财政总收入 14.88 亿元、增长 4.6%，其中，地方财政收入 10.14 亿元、增长 5.6%；城镇居民人均可支配收入 37837 元、增长 3.4%；农村居民人均可支配收入 19244 元、增长 6.7%。

二、基本做法

（一）案例概况

2001 年以前，武平县和全国大小林区一样，尽管相继开展了林业"三定"、落实完善林业生产责任制等改革工作，但由于没有触及产权问题，集体林产权不清、经营主体不明等体制机制问题一直没有解决，严重挫伤林农的积极性，农民林业收入仅占 1/6，与林业大县地位极不相符，改革势在必行。在时任福建省长习近平同志的主导推动下，被誉为"继家庭联产承包责任制后，中国农村又一场伟大革命"的林权制度改革以星火燎原之势在武平县推开，从"落实四权"到"三个率先"再到实现"绿水青山就是金山银山"的"两山统一"，持续为全国林改探路、拓路。武平林改的成功实践，为全省、全国林改起到了树典型、作示范的重要作用，成为全国借鉴的样本。

（二）决策过程

武平集体林权改革并不是一蹴而就的，而是习近平同志对林权制度改革的再三调研，对形势的正确判断、对土地政治属性的深刻理解和对"民有所呼，我有所应"的历史担当的结果。为了破解林业"五难"问题，2001 年 6 月，武平县委县政府按照"试点先行、稳步推进"的原则，在万安乡捷文村率先开展了集体林权制度改革试点工作，一场林权制度自我革命正式开启。2001 年 12 月 30 日，捷文村村民李桂林领到了全国第一本新版林权证，编号为武林证字（2001）第1号。2002年4月，武平县委县政府出台《关于深化集体林地林木产权制度改革的意见》，提出“四权”改革（即“明晰产权、放活经营权、落实处置权、确保收益权”），实现了山有主、主有权、权有责、责有利，拉开了全县林改的序幕。

山分了，林权证发了，但没有上面的红头文件，发下去的证算不算数，分下来的山会不会被收回，武平干群的心始终不踏实，在这关键时刻，2002年6月21日，时任福建省长的习近平同志到武平调研林改，十分有针对性地作出“集体林权制度改革要像家庭联产承包责任制那样从山下转向山上”的指示，习近平同志一锤定音地确定了林改的正确方向。

武平破天荒地提出林木林地产权制度改革，这与几十年来多次的林业改革最大的差别，就是触及了产权。在习近平同志的指导下，福建省林业厅2002年8月邀请国家林业局法规司和经济发展研究中心、省委政研室、省人大法制委、省政府发展研究中心等领导和专家就林权问题进行深入探讨，形成了“明晰所有权、放活经营权、落实处置权、保障收益权”的以产权改革为核心的新一轮林业经营体制改革创新模式。后来，这个创新模式被推广到全省，还被吸纳进中共中央、国务院2008年6月出台的《关于全面推进集体林权制度改革的意见》，成为国家林改创新举措。武平被誉为“全国林改第一县”。

随着改革的深入推进，武平林业发展的“评估难、担保难、收储难、流转难、贷款难”等“新五难”问题开始摆在党委政府和老百姓面前。对此，武平再一次以自我革命精神创造性地实现了“三个率先”，即率先开展林权抵押贷款，率先探索商品林赎买，率先探索借“林”扶贫，推动林改向纵深发展。

（三）解决方案

1. 先行先试，落实“四权”探新路

（1）尊重林农意愿，明晰产权。在保持林地所有权集体所有的前提下，将集体林地使用权和林木所有权以家庭承包、招标或协议等形式转

让给本村农户，确定农民作为林地承包经营权的主体地位，建立“产权明晰、职责明确、依法经营、科学管理”的集体林权经营管理新机制和“县直接领导、乡（镇）组织、村具体操作、部门搞好服务”的工作机制，摸索出“因地划分、因树作价、优劣搭配、数量平衡、现金找补、随机抓阄”等群众普遍认可的“分山”办法，把集体林木所有权和林地使用权明晰到户。

（2）推行分类经营，放活经营权。实行商品林、公益林分类经营管理，分别实施改革。对已分配到户的集体商品林，允许农民依法自主决定经营方向和经营模式，引导林农走森林资源流转、规模化联合经营路子；对仍由村集体统一管理的生态公益林，坚持林地、林木产权不变，把管护权落实到户，及时兑现补助金，并在不破坏生态功能的前提下，积极引导林农利用良好的生态环境和林下空间，发展林下经济，切实增加林农收入。

（3）坚持自主放权，落实处置权。坚持限额采伐基本原则，根据林农经营目标需求，进一步改革采伐管理制度，落实林农对商品林的采伐自主权，科学采伐调度。允许林农在不改变林地用途的前提下，依法对其所拥有的林地承包经营权和林木所有权以转包、出租、转让、抵押及股份合作等多种形式自行处置，充分开发利用。

（4）跟进配套服务，确保收益权。坚持实行“多予、少取、放活”的原则，鼓励林农通过养山就业、管护劳动、保护生态、以股获利等方式增加收益，从“靠山吃山”转向“靠山护山、靠山养山、靠山富山”。同时取消了林业养路费、乡镇服务费、林业建设保护费、维简费、特产税等收费项目，实行育林基金零计征，有效提高林农爱林护林育林积极性，最大限度保障林农权益。

2. 探索深化，“三个率先”破难题

（1）围绕如何盘活林农资产，率先实施林业金融体制改革。为加快解决“评估难、担保难、收储难、流转难、贷款难”新“五难”问题，

2004年6月，武平县在全国率先开展“林权抵押贷款”试点工作，激发林业发展新活力；2013年7月，在全省率先开展林权直接抵押贷款；2015年10月，在全省率先开展林权抵押贷款村级担保合作社担保模式；2017年7月，在全国率先推出“普惠金融·惠林卡”金融新产品，作为可复制的经验向全国推广。“普惠金融 · 惠林卡”授信三年、循环使用、利率优惠，授信额度最高可达30万元。2018年，出台《武平县“绿色发展”保证保险贷款业务管理办法（试行）》，继续做好林权直接抵押贷款、村级担保合作社、“普惠金融·惠林卡”在全县的推广工作。

（2）围绕如何让待砍伐商品林变身“绿色不动产”，率先探索重点生态区位商品林赎买机制。2009年，率先将县城饮用水源地商品林划为县级生态公益林，并以租赁形式进行赎买，为2015年福建在全国率先开展重点生态区位商品林赎买改革提供了借鉴。2015年，武平被列为全省首批重点生态区位商品林赎买试点县。随后，武平县将县城及乡镇饮用水源林、城区公园、国省道一重山等列为赎买重点，通过赎买、租赁、置换、入股、合作经营等多种改革方式，让原本待砍伐的商品林，变身为清新武平的“绿色不动产”，充分调动了林农护林育林积极性，实现了重点生态区位商品林保护与林农经济利益“互利双赢”。

（3）围绕如何做到“不砍树也致富”，率先探索“借”林扶贫机制。探索林下经济、生态旅游、林产品精深加工三大产业扶贫模式。坚持以“国家林下经济示范基地”建设项目为抓手，积极推广“龙头企业＋专业合作社＋基地＋农户”的运作模式，出台专项政策重点扶持紫灵芝等产业发展，鼓励和引导农民大力发展林药、林花、林菌、林畜、林禽、林蜂、林游等林下经济，形成一批具有较大规模、较大潜力、较大辐射能力的林下经济示范基地。以建设国家首批全域旅游示范区为载体，以梁野山国家级自然保护区和中山河国家湿地公园千鹭湖景区为龙头，以环梁野山“五朵金花”为示范，大力发展森林旅游和乡村旅游，使之成为武平全域旅游差异化竞争的主要特色。全县现有“森林人家”100家，总数居福建首位。2020 年，全县年接待游客 265 万人次，实现旅游收入 26.95 亿元。同时大力培育林业龙头企业，积极引导全县规模以上林产品加工企业加快技术改造。全县现有国家级林业重点龙头企业 1 家，省、市级林产品龙头企业 9 家。

（四）实施过程

武平县“敢为人先”改革创新的实践贯彻了“绿水青山就是金山银山”的发展理念，初步实现了“生态美、百姓富”的有机统一。

（1）坚持机制创新，林改破解新难题。武平以 2017 年 8 月被国家林业局确定为国家集体林业综合改革试验示范区为新的起点，进一步深化林业综合改革。继建立生态区位商品林赎买和林业投融资体制机制后，围绕提升林业治理水平，健全覆盖县、乡的林权流转管理服务平台，全县林地经营权流转累计 16.4 万亩，占农户使用林地面积的 8.4%。2018 年完成生态林天然林管护机制改革，新聘护林员 458 名，由“乡聘、林业站管理、村级监管”模式改革为“村聘村用、乡村管理、林业站监督”模式。2019 年在县级设立护林站，乡镇设护林队长，与村级护林员构筑起全县森林资源管护立体防线。完善集中统一办理县级涉林行政审批机制，同时，将与群众密切相关的运输证、采伐证核发等林业行政许可事项直接下放到乡镇一级办理。健全涉林矛盾纠纷调解、涉林信访办理工作机制，减少山林纠纷，促进社会和谐。

（2）坚持生态优先，林改催生好生态。用心守护好武平的绿水青山，让良好的生态环境成为最普惠的民生福祉，成为最具优势的营商环境。实施林改以来，全县累计完成造林面积 81 万亩，超过林改前 25 年的总和，森林覆盖率提高到 79.7%。2019 年 12 月，中山河国家湿地公园提前一年通过国家林草局验收，成为山水林田湖草是生命共同体的生动样板。梁野山国家森林步道捷文段在全国首批规划的五条国家森林步道中率先建成开放。武平荣评首批国家全域旅游示范区、全国森林旅游示范县、首批国家森林康养基地、国家园林县城、国家生态文明建设示范县、“中国天然氧吧”等荣誉称号，“来武平 · 我氧你”成为武平最响亮的城市宣传和旅游营销主题口号。

（3）坚持绿色发展，林改激发新动能。林改潜在地发动一个关键的变革齿轮，推动其他领域的改革，有力促进了武平的县域经济社会发展，印证了习近平总书记“绿水青山就是金山银山”的科学论断。武平这个原先的贫困县，2020 年连续五年荣膺“福建省县域经济发展十佳县”，地区生产总值由 2002 年的 12.43 亿元提高到 2020 年的 273.38 亿元，增长了 21 倍，财政收入从 2002 年的 1.12 亿元提高到 2020 年的 14.88 亿元，增长了 12 倍。同时，林改提高了人民群众的幸福感、获得感和安全感。广大林农耕山有责、务林有利、致富有门，从“靠山吃山”向“靠山护山、靠山养山、靠山富山”转变。林改，让林农脱贫致富，武平农村居民人均可支配收入由 2002 年的 2733 元提高到 2020 年的 1.92 万元；林改，让社会和谐安定，武平获评“中国平安建设先进县”；林改，带来了社会风气的好转，2020 年武平蝉联全国文明城市。

（4）坚持捷文示范，林改推动新发展。2018—2019 年，重点实施了捷文美丽乡村项目建设。2020 年 1 月，捷文村被确定为全省践行习近平生态文明思想示范基地。围绕落实习近平总书记对捷文村群众来信的重要指示精神，按照省林业局统一部署，重点推进捷文林改森林特色小镇“五个一”项目，即一条连接县城到捷文村的“白改黑”道路、一个林下经济展示馆、一条紫灵芝种加销产业链、一条森林特色景观带、一个森林研学营地。在捷文村的示范带动下，一体推进环梁野山、环千鹭湖、环六甲水库等乡村振兴示范片建设，示范带动生态建设和乡村振兴。

三、案例点评（经验与启示）

（1）要让生态价值“立”起来。保护生态环境就是保护生产力，改善生态环境就是发展生产力。武平始终坚持“生态立县”发展战略，咬定

“青山”不放松，持之以恒将之转化为全社会认同和遵循的共同价值理念和行动指南。从原来贫困县到“十佳县”蜕变的背后，是始终坚持“绿水青山就是金山银山”，坚持产业生态化、生态产业化发展道路。这启示我们：绿水青山和金山银山绝不是对立的，关键在人，关键在思路。要坚决摒弃以牺牲生态环境换取一时经济增长的做法，让良好生态环境成为广大人民群众最大的福祉，成为经济社会持续健康发展最大的支撑。

（2）要让市场机制“活”起来。作为全国林改第一县，武平大胆解放思想，坚持以体制机制创新为突破口，先行先试，持续探索建立长效机制，在全国率先推出“普惠金融·惠林卡”，在全省率先推出林权“抵押+收储”担保贷款模式，创新重点生态区位商品林赎买机制，既提升生态环境治理能力，又使农民人均林业纯收入稳定增长，推动形成人与自然和谐共生发展新局面。这启示我们：要大胆改革创新，让市场在自然资源资产价值实现机制与配置机制中起决定性作用，用市场机制撬动全域生态补偿机制，用市场机制调动企业主体实现效益与环保双向协同、双向提升的内在积极性，推进生态产品的价值实现。

（3）要让产业经济“优”起来。产业优是壮大经济实力、全方位推动高质量发展超越的坚实支撑，也是经济发展“高素质”最直观、最核心的表现。武平坚持创新理念，立足资源禀赋、产业基础和比较优势，做大做强以产业生态化、生态产业化为主体的生态经济体系，构建低碳高效的绿色产业体系，使产业发展筑牢“里子”、撑起“面子”，坚持绿色“底色”。

（4）要让百姓腰包“鼓”起来。生态文明建设的最终落脚点，是人民群众的获得感和幸福感。保护生态环境、发展生态经济，最终还要兑现生态福利。持续不断的改革，为武平这个传统农业大县注入新活力，近年来武平农民人均可支配收入增速位于龙岩全市前列，2020年，全县农村居民人均可支配收入19244元，同比增长率为6.7%。这启示我们：要坚持把增强人民群众获得感的改革摆在突出位置，注重把“生态美”转化为

“百姓富”，让老百姓真正受益。同时最大可能为老百姓提供优质生态产品，最大限度减少百姓身心健康资本支出、优质生活成本支出，让老百姓成为“绿色福利”的最大受益者，进而成为绿色发展的坚定践行者。

作者简介

胡熠，中共福建省委党校（福建省行政学院）生态文明教研部主任、教授。

郑冬梅，中共福建省委党校（福建省行政学院）生态文明教研部教授。

投资主体一体化带动流域治理一体化

——政企合作开创永定河流域协同治理新模式

2014年3月14日，习近平总书记在中央财经领导小组第五次会议上，从全局和战略的高度，对我国水安全问题发表重要讲话，明确提出“节水优先、空间均衡、系统治理、两手发力”的新时期水利工作思路，强调发挥好政府和市场作用，将水环境承载力作为刚性约束，统筹水的全过程治理。2017年习近平总书记在党的十九大报告中进一步指出，“构建政府为主导、企业为主体、社会组织和公众共同参与的环境治理体系”，为多方共治解决生态环境问题提供了指导。以永定河流域投资公司为治理主体和协同服务平台，深化政企合作关系，有效破解了跨区域治理和投融资等难题，秉持系统思维推进全流域治理，是践行习近平生态文明思想的生动写照。

永定河发源于山西省宁武县管涔山，流经内蒙古、山西、河北、北京、天津五个省区市，汇入海河后注入渤海，河流全长747公里，全流域面积4.7万平方公里，涉及51个市、县、区。千百年来，永定河滋养着京津冀晋蒙数千万人民，是京津冀重要的水源涵养区，串联华北地区的文化、经济和生态纽带。作为我国七大流域之一海河流域内非常重要的一条河流，永定河的重要性还体现在与黄河、长江、共同作为全国四大防洪河道，历年来是海河流域和天津市的防洪重点和难点。

20世纪70年代以来，永定河由于水资源过度开发、上游来水减少等多种因素，导致下游平原河道逐渐干涸断流、河床沙化、地下水位下降，水生态环境呈失衡状况，严重制约了京津冀地区经济社会的健康发展，推动永定河流域的修复和治理势在必行。然而，这样一条跨越多个行政区域的河流，该如何打破区划壁垒、统筹上下游保护与开发、实现各方利益平衡？

一、永定河之殇：过度开发　分割管理　生态破坏

永定河上游的桑干河、洋河两大支流，于河北张家口怀来县汇合后称为永定河，流域范围广阔，流域内森林、湿地等资源丰富。正是永定河从中上游冲刷携带的大量砂石屑物不断填充门头沟三家店低洼地区，逐渐形成巨大的冲积扇平原，为北京城的发展提供了优越的地域空间，因此永定河被称为滋养北京的“母亲河”。历史上，永定河善徙、善淤、善决，素有“小黄河”“无定河”的别称，直到20世纪50年代修建了官厅水库之后，才彻底改变了这种泛滥无常的状况，时至今日，永定河仍承担着京津冀水源涵养区的重要作用。

随着城市规模的不断扩大，永定河的开发利用强度也不断加大，流域超载严重，水资源短缺问题日益凸显。从20世纪70年代起，由于工农业用水剧增，永定河上游来水不断减少，“上游猛用水，下游用水愁”一度是永定河沿线的真实写照。20世纪90年代后，永定河就因持续干旱和地下水过度开采而常年断流，干涸的河床甚至变成京西风沙源。据统计，2006—2016年，永定河主要河段年均干涸121天，年均断流316天，其中，北京市三家店至卢沟桥段基本处于长期断流状态，卢沟桥至屈家店段基本全年干涸。2016年永定河山区人均水资源量276立方米，仅为全国的9.8%。不仅下游的北京断流，源头附近的桑干河也从20世纪90年代起就开始断流，农民浇地要从上游水库买水，而延伸至河北境内，干涸情况则更为严重。水环境污染、水生态破坏严重是永定河流域的又一大问

题。20 世纪 70 年代后兴起的在永定河道内开采砂石以供市政工程建设，由于缺乏严格管理，造成超采现象，引发严重的水体污染和水土流失。2016 年水质为 V 类和劣 V 类的河流高达 52%，生态用水空间被大量挤占。

然而，长期以来，永定河流域各行政区一直采用分区治理，存在标准不统一、发展不协调问题。一方面，流域内各地区发展水平各异，生态保护任务不同；另一方面，流域管理职能分散在多部门。如何实现集中统一规划、建立流域生态环境保护协作机制？这成为永定河治理面临的主要挑战。

二、永定河之变：以公司为平台开启政企合作治理新模式

谁来承担治理责任？如何协调各方利益？一度是跨区域生态治理的难题。党的十九大报告指出，“构建政府为主导、企业为主体、社会组织和公众共同参与的环境治理体系”。永定河治理，正是遵循这一思路，在政府引导、规划引领下，充分调动各方主体参与流域治理的积极性。

为了扭转永定河生态恶化形势，国家部委牵头、流域省（市）联动出台治理方案，完善顶层设计。2015 年《京津冀协同发展规划纲要》明确提出，要推进“六河五湖”生态治理与修复，永定河正是“六河五湖”中的重要河流之一，是京津冀晋区域重要水源涵养区、生态屏障和生态廊道，因此，永定河综合治理对推动京津冀晋地区协同发展在生态领域合作具有突破性意义。2016 年 2 月国家发展改革委会同水利部、国家林业局以及永定河流域生态问题突出的北京、天津、河北、山西四省（市）[以下简称四省（市）] 启动了《永定河综合治理与生态修复总体方案》编制工作，编制工作具体由水利部海河水利委员会技术总负责，会同国家林业局调查规划设计院，以及四省（市）水利（水务）厅（局）、林业厅（局）相关部门和单位开展。2016 年 12 月《永定河综合治理与生态修复

总体方案》（以下简称《方案》）正式印发。《方案》指出先行开展永定河综合治理与生态修复，打造绿色生态河流廊道，是京津冀协同发展在生态领域率先实现突破的着力点；要求创新流域协同治理机制，成立永定河综合治理与生态修复部省协调领导小组，同时研究组建流域公司。这是我国首个国家层面、跨省（市）级行政区、通过市场化方式推进河道综合治理的文件。至此，京津冀晋四省（市）联手综合治理修复永定河被提上日程。2018 年 6 月，北京市委书记蔡奇就推进永定河综合治理与生态修复工作开展调研时强调："要把永定河治理作为首都水生态环境建设的一号工程。"其重视程度之高、力度之大前所未有。

在行政层面，政府发挥统筹规划和长期监督作用。四省（市）以及国家有关部委联合成立了部省协调领导小组，负责统筹规划和长期监督。2018 年 12 月，水利部海河水利委员会、京津冀晋四省（市）水务（利）部门和永定河流域投资有限公司正式签署《永定河生态用水保障合作协议》。按照公平合理、优势互补的原则，水利部海河水利委员会统一调度，沿线四省（市）跨区联动，积极整合各自资源和优势，共同组建、运行、管理流域投资公司，收益共享、风险共担，打造统一、规范、高效的投融资平台，由统一的投资主体统筹推进永定河流域治理开发与生态修复。针对项目的长期监督问题，四省（市）采取协商共治方式，按照"自然修复为主、补短板、低扰动"的理念，组织对各地建设项目进行全面复核。

在市场化层面，企业既是治理主体也是资产运营主体。2018 年四省（市）人民政府和战略投资方中国交通建设集团有限公司（以下简称"中国交建"）共同出资，组建永定河流域治理投资公司（以下简称"流域投资公司"），具体负责整个流域的生态治理建设。流域投资公司按照"产权明晰、权责明确、政企分开、管理科学"的原则实行市场化运作，以市场化方式组织实施永定河流域综合治理与生态修复项目。公司采用"1+N"的构成体系，"1"是流域投资公司，公司负责永定河综合治理与生态修复项目的总体实施和投融资运作，统筹管理国家和沿线各省（市）政府用于永定河综合治理与生态修复的财政性资金，受托经营管理流域内有关工程和资产。“N”是若干分（子）公司，由流域公司、项目所在地企业以及社会资本方等共同组建项目公司，具体负责项目建设运营以及区域内相关水资源、土地、生态资源综合开发与利用等。流域公司被赋予治理权、资源经营权、增量资产所有权，沿线资源资产化收益保证公司长期运行。在企业性质方面，作为针对公共物品和服务而成立的专门公司，属于独立法人，自主经营，自负盈亏。沿线政府与大型央企共同出资组建，属于永续经营公司，政府出资代表控股，与社会资本是以股权为纽带的股权关系。公司不仅负责永定河综合治理与生态修复项目总体实施和投融资运作，受托经营管理流域内相关资源资产，而且具有对外投资、承接永定河流域以外治理业务的职责。[①] 以流域公司为平台，实现了政企协作，开启了以投资一体化带动治理一体化的新型治理模式。

三、破解融资难：多元融资，市场化运作保证公司持续运营

既然政府统筹监管、流域投资公司作为治理主体的职责已明晰，那么保障公司长期运行的融资问题该如何解决？

在融资方式上，流域投资公司发挥财政资金撬动作用，积极吸引社会资本参与治理。起初，流域投资公司注册资本金 80 亿元，按照各区域发展水平和生态治理任务划分，北京市人民政府出资代表为北京水务投资中心，占股 35%；天津市人民政府出资代表为天津水务投资集团有限公司，占股 5%；河北省人民政府出资代表为河北水务投资集团有限公司，占

① 杨跃军：《永定河流域治理市场化机制探讨》，中国水网，2020 年 3 月 19 日，http://www.h2o-china.com/news/305155.html.

股 15%；山西省人民政府出资代表为山西水务投资集团有限公司，占股 15%；中国交建出资代表为中交疏浚（集团）股份有限公司，占股 30%。按照《方案》要求，2017—2025 年为永定河全流域治理期，项目资本金约占总投资的 20%，由沿线省（直辖市）政府及中国交建注入；经国家发展改革委统筹核算后，确定中央投资补助约占总投资的 20%；剩余约 60% 的资金由流域公司通过融资解决。沿线各省（市）政府为流域公司匹配优质资源，嫁接优质社会资本，深度开展银企合作，构建可行的商业模式和融资模式，推动实现流域治理与生态修复投资主体多元化、资源资产化、资本证券化，提高公司持续运营能力，从全流域全生命周期尺度上实现流域治理投融资平衡。

在运营模式上，通过深化银企合作和产业化开发，满足剩余资金需求。考虑《方案》项目的准公益性特点，流域公司通过政策保障，“一地一策”模式制定资金平衡方案，并与国家开发银行联合成立融资工作专门小组。一是合理利用土地资源。在符合相关法律法规和规划、保持河势稳定、保障防洪安全和水生态安全的前提下，可对河道管理范围及毗邻地区的水域和土地进行合理利用，允许流域投资公司分享相关沿线土地的升值收益。二是资源配置优先倾斜。同等条件下，永定河流域范围内的特色小镇建设、健康养老服务、文化旅游、休闲体育产业开发等优先由流域投资公司负责实施。流域治理项目的耕地占补平衡实行与铁路项目同等政策。三是稳定单一来源采购模式。京津冀晋四省（市）人民政府及相关部门与流域投资公司签订单一来源采购合同，购买永定河流域治理与生态修复服务，流域投资公司相应获取合理收益，并向金融机构申请贷款，以政府资金作为还款来源，促进实现项目良性运行。四是拓展项目供水、林业资源开发等经营性收益。根据流域治理特点，流域投资公司可加强综合经营开发，实施区域供水、林业资源开发、碳汇等交易。①

① 《按市场化模式组建永定河流域治理投资公司》，水利部网站，2017 年 7 月 18 日，http://www.mwr.gov.cn/xw/ggdt/201707/t20170718_966466.html.

四、永定河之治：遵循系统治理，探索横向补偿

习近平总书记在2014年中央财经领导小组第五次会议上提出“节水优先、空间均衡、系统治理、两手发力”的“十六字治水方针”。在这一治水思想的指导下，永定河综合治理，坚持“以流域为整体、区域为单元、山区保护、平原修复”的原则，统筹“山水林田湖草是生命共同体”，突出“水”和“林”两个生态要素，把保障河湖生态用水放在突出位置，加大节水力度，遏制地下水超采，提升水源涵养能力，合理配置外调水，把山区建设成为生态安全屏障、平原建设成为绿色生态走廊，逐步恢复永定河生态系统。

全流域治理规划推动系统治理。永定河治理打破了传统的区块治理模式，以流域为对象，统筹流域上下游、河道内外之间水资源平衡，根据永定河水资源禀赋和生态修复的需要，把治理、恢复、涵养、提升结合起来，突出不同区段景观特色。一是从全流域角度考虑水资源平衡，合理分配上下游水资源，打造区段典型自然景观，确保流域治理目标实现。二是从全流域角度制定治理规划，以问题为导向和以功能目标为导向相结合，统筹山水林田湖草综合治理，实现全流域治理开发“一盘棋”。三是从全流域角度统筹发展空间，配置基础资源，实现资源资产化，为流域公司可持续发展奠定基础。四是从全流域角度统筹使用政府公共资金，避免行政区域各自为政，确保公共资金使用效益最大化。

上下游污染源联合处理。区域联动协同治理，首要体现在永定河上下游污染源联合处理。曾经污染水源的垃圾、粪便等只能选择低效率的填埋，由于工厂无利益可获得，所以配合政府处理垃圾的积极性很低。如今协同治理发展出了合作回收机构，将这些垃圾回收处理成天然气，生态环境和经济发展一举两得。

不断探索生态补水和横向生态补偿。永定河流域总体上将按照“谁受

益、谁补偿”的原则，以水量为主、量质兼顾，充分发挥永定河投资公司平台作用，分阶段打造“成本共担、效益共享、合作共治”的流域横向生态补偿机制。目前,《永定河流域横向生态补偿方案》已向沿线相关部门征求意见，上下游统筹协调的生态治理标准基本形成。为了推进生态补水，解决永定河断流问题，四省（市）携手创新调度方式，2019 年首次探索开展了引黄水与永定河本地径流统筹调度、官厅水库上下游联合调度，引黄水量和补水规模为历年同期之最。新冠肺炎疫情期间，为确保生态水量调度工作不受影响，在永定河综合治理与生态修复部省协调领导小组办公室协调指导下，水利部海河水利委员会统一推动，永定河流域投资有限公司加快工程建设，流域沿线北京、河北、山西等地统筹推进生态补水和疫情防控。为确保输水效率，保证输水水质和安全，朔州、大同、张家口、北京等地组成工作组，在做好个人安全防护的前提下，克服困难，徒步开展输水巡查，掌握流域沿线蓄水用水需求，进行断面水量和取水口监测，了解河流生态系统恢复数据，解决调输水安全隐患问题。[①]

五、永定河效益：多重效益初步显现

水是生命之源，水生态系统关乎整个生态系统功能的良性运转，也决定着社会经济发展和民生福祉水平。2021 年是永定河综合治理与生态修复实施的第四年，通过各方面的共同努力，永定河河流水质明显改善、地下水位明显回升、生态环境状况持续转好，多重效益初步显现。

生态效益体现在水生态系统的整体改善，包括水位提升、水质改善和沿岸生态廊道的构建。在流量方面，通过大力推进各地发展农业节水，多元统一调动引黄水、再生水、当地水，2019 年北京市永定河山峡段 40 年

① 《黄河水再度“牵手”永定河！ 2020 年永定河生态补水全面启动》，中华人民共和国水利部网站，2020 年 3 月 17 日，http://www.mwr.gov.cn/xw/mtzs/jjrb/202003/t20200317_1392560.html.

来首次实现了不断流，到2020年永定河累计补水7.59亿立方米，特别是北京段实现25年来首次全线通水，官厅水库以上河段已基本不断流，永定河通水河长达到总河长的92%。在水质方面，通过生态补水实现水体置换，河流水生态环境得到明显改善，通水河段的水质也显著提高。流域湿地面积大幅增加，北京市将新建成南大荒湿地，面积31.03公顷。地下水位止跌回升，2019年以来，山西大同、河北张家口等地河道沿线地下水位整体上都有不同幅度回升，北京山峡段地下水位上升明显，门头沟区部分泉眼停喷30年后已开始复涌，地下水水位也显著回升。预计到2025年，永定河流域将基本建成绿色生态河流廊道。届时，上游山区水源涵养能力明显提升，自然保护区、湿地公园以及森林公园建设逐步完善，河流生态水量得到有效保障，水功能区水质进一步改善，生态环境质量得到进一步提高。

社会效益体现在沿岸生态廊道提供的文娱价值，以及沿线文化与自然资源相结合形成的文化生命共同体。京津冀晋四省（市）联手推进的永定河综合治理与生态修复工程项目建成后，沿河将形成溪流—湖泊—湿地连通的绿色生态廊道，起到调节气候、观赏娱乐等价值。目前，部分河段已经开始恢复清水绿岸、鱼翔浅底的美丽风光，再次成为居民休闲娱乐的场所，社会反响点赞连连。此外，永定河历史文化源远流长，流域内文化遗产众多，有东方人类起源地之一的泥河湾、黄帝涿鹿古战场、云冈石窟、应县木塔、卢沟烽火，更孕育了灿烂的北京文化。随着沿线生态廊道的建设，弘扬永定河文化、塑造永定河文化品牌将是未来永定河沿线发展的重要方向，流域内文化遗产、自然风光、红色革命、乡风民俗等宝贵的文化财富有待进一步发掘，将全流域塑造成为一个血脉畅通、生机勃勃的文化生命体。

经济效益体现在治理平台向服务平台转型，促进要素跨区域流动，推动沿线产业更深层次的合作。通过财政资金购买生态服务价值，撬动更多社会资本投入治理。由于开展流域治理工程，北京市流域范围内部分原泄滞洪区可改造为建设用地，新增建设用地经营权属流域公司，用于各省（市）发展高新产业，流域公司获得土地增值收益。建设用地指标由流域相关省（市）调配，充分发挥京郊土地高价值优势，打造流域相关省（市）高新产业发展窗口和高地。此外，流域公司向产业服务平台转型，有助于挖掘绿色新经济增长点。目前 90 余家单位共同发起成立“永定河产业发展联盟”，打造产业互补、资本联动的专业化、体系化服务平台。通过设立发展基金、产业导入、人才引进等方式推进流域上下游多层次合作。

六、案例点评（经验与启示）

永定河流域治理展现了政企合作开启市场化治理的创新模式，以永定河流域治理公司为平台，以投资一体化带动治理一体化，为政府引导促进跨区域协同、以企业为主体、运用市场化运作方式推进治理提供了借鉴，作为全国首个跨行政区域的流域治理项目，在全国具有极大的示范效应。

一是政府引导，牵头负责总体协调和研究攻关，推进跨区域协同治理。一方面，国家发改委、水利部等部委联合四省（市）政府以协商方式推进治理，联同相关研究机构共同谋划，出台专项方案，为永定河综合治理和生态修复提供了顶层设计指导和科学支撑。京津冀晋四省（市）人民政府是总体方案实施的责任主体，制定细化的年度方案并层层分解下达至流域各市县。另一方面，国家发改委、水利部、国家林业和草原局、国家开发银行、四省（市）政府共同组建永定河综合治理与生态修复部省协调领导小组，负责指导永定河综合治理各项工作，承担长期监督职责，保证治理机制长效化。

二是多方共治，以永定河流域投资公司为平台，深化政企协作。永定河流域投资公司的成立，使得永定河治理有了明确的实施主体，政府与流域公司各司其职、定位明晰，使得政府与企业真正形成协调、同步、高效的协作关系。京津冀晋四省（市）基于公平合理、优势互补的原则，积极整合各自的资源和优势，共同组建、运行、管理流域投资公司，收益共享、风险共担，打造统一、规范、高效的投融资平台，由统一的投资主体带动永定河流域一体化治理。公司“1+N”的架构方式，既有总公司统筹运行财政资金、统筹把控总体项目实施，又有分公司结合当地实情，引入社会资本参与修复治理和产业化运营工作，能够妥善处理整体与局部的关系。

三是市场运作，创新融资方式，促进政府和市场有机结合。永定河流域投资有限公司全面负责永定河流域综合治理与生态修复项目的投融资运作，遵循市场化运作规律，创新投融资方式，促进政府与市场有机结合，提高投资效益与公共服务水平。在发挥各级财政投入撬动作用的同时，鼓励和引导社会资本以多种形式参与工程建设和运营。流域投资公司作为管理平台和投融资平台，促进银企合作、产业资本和工程项目有效对接，实现了多渠道融资；沿线资源资产开发带来的价值增值归公司所有，保证公司获得长期稳定的资金流。

四是系统思维，推动流域整体治理效果最大化和综合效益最大化。在习近平总书记“十六字”治水方针的指导下，在《方案》的统筹规划下，永定河流域治理公司以流域为对象，上下游、干支流、左右岸治理协同有序推进，重点一手抓水量水质改善，解决人水矛盾；另一手抓岸上森林保护，发挥涵养水源、林业资产增值作用，达到了生态效益和经济效益的双赢目标；同时永定河沿线生态廊道和文化共同体的建设也使得永定河在生态意义之外赋予了更多内涵，成为提高民生福祉的重要举措。

尽管永定河流域的治理取得了初步成效，但在体制机制、运行方式等领域仍有提升空间，比如，如何加快产业项目实施，完善资产运营工作，合理利用岸上资源资产，平衡好保护和开发，收获更多红利？如何进一步完善横向生态补偿，发挥好社会资本在满足补偿资金需求、实现区域公平等方面的作用？如何拓展永定河流域投资公司的平台服务功能，为沿线省（市）吸引更多的人才、技术、资本等要素？未来，永定河流域投资公司将形成工程建设、产业投资、资产运营、农业发展、资本运作五大板块，全面提升治理能力，以公司为纽带的政企协作治理模式将焕发出更大活力。

作者简介

薄凡，中共北京市委党校（北京行政学院）经济学教研部讲师。

强化生态文明建设的法治保障

——云南省生态文明法治建设的实践与创新

2013年5月24日，习近平总书记在第十八届中央政治局第六次集体学习时指出，“只有实行最严格的制度，最严密的法制，才能为生态文明建设提供保障”。2018年5月18日，习近平总书记在全国生态环境保护大会上的讲话指出，“用最严格制度最严密法治保护生态环境。保护生态环境必须依靠制度、依靠法治。这与我国生态环境保护中存在的突出问题大多同体制不健全、制度不严格、法治不严密、执行不到位、惩处不得力有关。要加快制度创新，增加制度供给，完善制度配套，强化制度执行，让制度成为刚性的约束和不可触碰的高压线”。《中共中央国务院关于全面加强生态环境保护坚决打好污染防治攻坚战的意见》也指出：“健全生态环境保护法治体系。依靠法治保护生态环境，增强全社会生态环境保护法治意识。加快建立绿色生产消费的法律制度和政策导向。加快制定和修改土壤污染防治、固体废物污染防治、长江生态环境保护、海洋环境保护、国家公园、湿地、生态环境监测、排污许可、资源综合利用、空间规划、碳排放权交易管理等方面的法律法规。鼓励地方在生态环境保护领域先于国家进行立法。”

2020年9月22日，全国人大环境与资源保护委员会第213期简报，充分肯定了云南省深入贯彻落实习近平总书记对云南工作重要指示精神和在云南考察时的重要讲话精神，强化生态文明建设的法治保障，全面加强环境资源保护立法和监督工作的实践经验。

一、云南生态文明法治建设的背景

新中国成立70多年来，我国不断深化对生态环境保护和生态文明建设的规律性认识，逐步形成了具有鲜明中国特色的社会主义生态文明法治体系。早在1978年，我国就将“国家保护环境和自然资源、防治污染和其他公害”载入宪法。1979年，全国人大常委会通过了环境保护法（试行）。有关水污染防治、大气污染防治、海洋环保等法律也于20世纪80年代初相继问世。同国内其他部门立法相比，环境立法起步较早。全国人大常委会1989年审议通过了《环境保护法》，1995年审议通过了《固体废物污染环境防治法》，1996年修订了《水污染防治法》，1999年修订了《海洋环境保护法》，2000年修订了《大气污染防治法》，2014年重新修订《环境保护法》，2018年通过了《土壤污染防治法》，基本形成了以环境保护法为龙头，覆盖大气、水、土壤、自然生态等主要环境要素的法律法规体系。

地处我国西南边陲的云南省拥有良好的生态环境和自然禀赋，由于特殊的地形地貌，具有多样的气候和地理环境，是“我国的西南生态安全屏障和生物多样性宝库”。云南是我国生态资源最富集、生物多样性最丰富、生态产品生产条件最好的省区之一，在解决我国资源环境问题、建设生态文明国家中具有特殊的地位和作用。云南是中国生物多样性的天然宝库和资源基地，是连接全球25个生物多样性热点地区中青藏高原和中南半岛的过渡地带，属于东喜马拉雅地区的核心区域，生物物种及特有物种均居全国之首，高等植物约占全国种数的46.9%，脊椎动物占全国的55.9%。云南丰富的生物多样性及其基因资源越来越显示出重要的战略意义和不可替代的价值，为全球生物多样性研究、保护、利用和我国生物产业发展提供基础资源。云南是中国西南生态安全屏障的前沿地带，地处长江、珠江上游，对我国长江、珠江黄金经济带的发展具有重要的生态屏障作用，云南还是中国未来战略水资源的核心区和中国水电清洁能源的重点基地，是中国生态产品制造能力最强、输出水平最高的省区之一，是维持我国整体生态环境功能的关键地区。云南处于澜沧江、怒江、红河、伊洛瓦底江的上游，生态环境状况影响着澜沧江、红河等下游10多个国家和地区，10多亿人口的水资源、水环境和综合生态安全。因此，大力推进生态文明建设，筑牢生态安全屏障，既可以推动云南自身的绿色高质量跨越式发展，又可以彰显区域生态优势，使云南在参与国际国内区域合作中发挥更大的作用，在构建南亚东南亚生态共同体中作出云南贡献。

2015年1月，习近平总书记考察云南时要求云南“努力成为我国生态文明建设排头兵”；2020年1月，习近平总书记再次考察云南，继续强调，“云南生态地位重要，有自己的优势，关键是要履行好保护的职责”。生态文明建设排头兵的核心要义是保护。由于经济欠发达、生态环境十分脆弱等诸多因素，云南的生态环境保护面临诸多现实难题，发展不足和保护不够并存，国土空间开发低效，节能环保、清洁生产产业发展基础还十分薄弱，支撑经济转型发展的绿色科技创新体系不健全，资源利用效率偏低，局部环境污染等问题不容忽视，生态系统保护与修复任务繁重，保护生态环境和自然资源的责任十分重大。而由于地理位置、地形地貌的特殊性，决定了云南在生态环境保护上有不少特殊要求。因此，加强生态文明法治建设，迫切需要在执行国家生态环境保护相关法律法规的基础上，结合云南的实际制定有针对性的地方性法规，并加强执法监督。

二、云南生态文明法治建设的实践探索

党的十八大以来，云南省牢记习近平总书记的嘱托与要求，把生态环境保护放在更加突出的位置，把良好的生态环境作为生存之本、发展之基，高度重视法治云南建设工作，全面推进生态文明法治建设，充分发挥了法治的引领、规范和保障作用。加快制度创新，通过地方立法推进生态文明建设；加强执法监督，强化制度执行，使有关生态环境保护的制度和

法律落地生根、取得实效。

（一）逐步建立和完善生态文明建设的地方立法体系

云南省委、省政府高度重视从地方立法层面高位推动生态文明建设，采取有力措施，稳步推进生态文明法治建设。到目前为止，现行有效省级地方性法规中，生态环保类法规占27%；设区的市、自治州的地方性法规中，生态环保类法规占31%；民族自治地方单行条例中，生态环保类法规占65%。近年来陆续出台了《云南省生物多样性保护条例》《云南省大气污染防治条例》《云南省创建生态文明建设排头兵促进条例》等地方性法规，及时修改完善了九大高原湖泊保护条例，对涉及生态文明建设的现行法规规章开展多次清理，这些举措对推进生态文明建设各项工作制度化、法治化、规范化发挥了重要作用。

一是立法引领"努力成为全国生态文明建设排头兵"定位落地见效。为提高政治站位，使习近平总书记关于云南发展的"三个定位"的要求落地，云南省人大常委会主导了相关立法工作。2019年1月，云南省十三届人大常委会二次会议通过了《云南省民族团结进步示范区建设条例》。2020年5月，省十三届人大常委会三次会议又通过了《云南省创建生态文明建设排头兵促进条例》，并于7月1日起施行。这是云南省生态文明建设领域首部全面、综合、系统的地方性法规，条例体现了省委、省政府将云南建设成为中国最美丽省份、争当全国生态文明建设排头兵的新部署和新要求，对云南省生态文明建设方面的专项立法进行统领，在生态文明建设、生态环境保护和治理，促进绿色发展等方面具有较强的针对性和可操作性，将进一步提高打好污染防治攻坚战、建设"两型三化"产业体系、打造世界一流绿色能源、绿色食品、健康生活目的地"三张牌"等重点工作法治化、规范化、科学化的水平，促进和保障云南在建设生态文明排头兵上不断取得新进展。

二是全面修改"一湖一法"，助推实现"九湖清，云南兴"。云南省有滇池、洱海、抚仙湖等九个30平方公里以上的高原湖泊，九湖是云南省社会经济发展的命脉，以九大高原湖泊为代表的水资源保护地方立法成为云南生态环境保护立法工作的重点。2020 年 1 月 1 日，新修订的《云南省阳宗海保护条例》《云南省泸沽湖保护条例》正式施行，标志着云南省滇池、洱海、抚仙湖、程海、泸沽湖、杞麓湖、异龙湖、星云湖、阳宗海等高原湖泊都有了量身定做的保护条例。一湖一条例，为云南九大高原湖泊的保护提供了法治保障。2015 年 1 月，习近平总书记在云南考察时，来到洱海边，说到“立此存照，过几年再来，希望水更干净清澈”。六年来，云南按照习近平总书记嘱托的以革命性的举措彻底转变“环湖造城、环湖布局”的发展格局、“就湖抓湖”的治理格局。2019 年，“一湖一条例”新一轮修订完善工作全面完成。修法按照“山水林田湖草是一个生命共同体”的理念，推动“一湖之治”上升到“流域之治”，从单纯的截污治污转变到整个生态系统的修复和建设。法律制度也更为严格和科学，进一步坚守湖泊生态保护红线，破解“保护优先、不欠新账、多还旧账”的难题。2020 年 1 月，习近平总书记考察云南时在讲话中指出“立法保护九大高原湖泊的做法很好，关键要落实到位”，充分肯定了“一湖一法”工作。严格的法治推动了高原湖泊保护工作，让九湖重放异彩。2020 年九湖达到了 2015 年以来的最好水质，抚仙湖、泸沽湖保持Ⅰ类水质，洱海全湖水质再次实现 7 个月Ⅱ类、5 个月Ⅲ类，阳宗海水质为Ⅲ类，程海、滇池水质稳定保持Ⅳ类水质，星云湖、异龙湖、杞麓湖达到Ⅴ类水质。

三是地方立法先行，撑起生态保护伞。云南是我国生物多样性最为丰富的省份，享有“植物王国”“动物王国”“物种基因库”等美誉。云南省于 2019 年 1 月实施了《云南省生物多样性保护条例》。《云南省生物多样性保护条例》作为全国第一部生物多样性保护地方性法规，其颁布实施是我国生物多样性保护领域法制建设和云南省生态文明制度建设的一件大事，是生物多样性保护事业的一个重要里程碑，标志着云南省生物多样性保护、管理进入了规范化、法制化轨道。《云南省生物多样性保护条例》

是创新性的生物多样性保护地方性法规，遵循“保护优先、持续利用、公众参与、惠益分享、保护受益、损害担责”的原则，结合云南生物多样性的特点，针对生物多样性保护面临的问题和困难，突出生物多样性保护的重点，建立了政府主导、企业主体、全民参与的保护体系，将编制生物物种目录、生物物种红色名录和生态系统名录法定化，注意了规划之间的衔接，具有较强的地方特色和可操作性。这项条例开创了我国生物多样性保护地方立法的先河，对推动国家开展相关立法具有积极促进作用。

对标对表，立行立改，严守自然保护区管理“十禁止”。云南省人大常委会认真汲取甘肃祁连山生态破坏事件的教训，落实全国人大常委会和中央环保督察反馈问题的整改要求，2018 年至 2019 年全面完成了《云南省自然保护区管理条例》等六部地方性法规和单行条例的修改工作，严守 10 类“禁止性行为”底线。

突出自然资源和自然遗产保护，先后制定《云南省三江并流世界自然遗产地保护条例》《云南省澄江化石地世界自然遗产保护条例》等；在全国率先实现国家公园管理体制地方立法，把云南省国家公园管理工作的经验和做法上升为法律规范。随着一系列生物多样性保护工作的开展，目前，云南已建立 166 个自然保护区、18 个国家湿地公园、13 个国家公园，全省 90% 以上的典型生态系统、85% 以上的重要野生动植物保护物种得到有效保护。

四是让蓝天白云成为云南的“标配”。良好的空气质量一直是云南的骄傲。2018 年，按照全国人大常委会指示，在较短的时间内，出台了《云南省大气污染防治条例》。《云南省大气污染防治条例》以“保持大气环境质量优良”为核心目标，遵循“保护优先、预防为主、规划先行、源头治理、综合施策、公众参与、损害担责”的原则，结合云南省的地方实际情况，针对大气污染防治面临的新形势和新问题，突出大气污染的“防”与“治”，明确了大气污染综合防治的职责，完善了大气污染防治的制度，为推动全省大气环境保护和大气污染防治工作提供了保障。《云南省大气污染防治条例》的制定和实施促进了全省大气污染防治工作取得实效。

2019 年全省环境空气质量优良天数比率达到 98.1%，2020 年达到 98.8%。

五是努力加强疫情防控法治保障。2020 年 2 月 27 日，在全国率先出台关于贯彻《全国人大常委会关于全面禁止非法野生动物交易、革除滥食野生动物陋习、切实保障人民群众生命健康安全的决定》的实施意见。实施意见从广泛开展学习宣传活动、加强行政执法、加强司法、加强地方立法和配套措施制定工作、移风易俗、加强法律监督和工作监督等方面，对省人大常委会和“一府一委两院”贯彻实施提出要求；对修改相关地方性法规，加强法律监督和工作监督作出安排部署；对社会各方面、各级人大代表积极参与学习宣传活动，对各族人民群众、相关经营者自觉抵制非法野生动物交易、养成科学健康文明的生活方式等方面提出倡导性要求。针对云南省工作实际，实施意见专门明确，要加强边境地区野生动物保护执法，加大对边境地区野生动物及其制品走私和非法贸易违法犯罪行为的打击力度。根据上位法修改情况，及时启动了《云南省陆生野生动物保护条例》《云南省动物防疫条例》的清理和修订工作。

六是贯彻《民族区域自治法》，加强民族自治地方的生态立法。发挥云南省 8 个民族自治州、29 个民族自治县的民族自治地方拥有地方立法权的优势，结合民族自治地方经济社会发展实际，与时俱进，抓住重要领域和关键环节，针对民族经济发展、生态环境保护、村庄规划建设、旅游产业发展、历史文化名城保护等现实发展中迫切需要规范的问题，增强立法工作的针对性，不断推进民族自治地方的生态立法工作。民族自治地方单行条例中，生态环保类法规占 65%。如大理白族自治州坚持生态优先，突出生态环境保护立法，依法保护治理生态环境，促进经济社会发展，相继颁布实施了《大理白族自治州洱海管理条例》《苍山保护管理条例》《洱海海西保护条例》《旅游条例》《历史文化名城保护条例》《湿地保护条例》《水资源保护管理条例》等，进一步健全地方法规和政策体系，为洱海水源保护、污染源治理、筹集保护治理资金、规范产业发展等提供法律依据，依法对洱海海西田园和苍山自然风光实行最严格的保护。澜沧拉祜族自治县用“法治红线”守护绿色生态，变绿水青山为金山银山，《云南省澜沧拉祜族自治县古茶树保护条例》《云南省澜沧拉祜族自治县民族民间传统文化保护条例》《云南省澜沧拉祜族自治县景迈山保护条例》为保护景迈山提供了法治依据，成为生态保护规范化、法治化，走出经济发展与生态环境保护共赢之路的鲜活案例。

（二）加强执法监督，强化制度执行

2015年以来，云南省人大常委会围绕打好污染防治攻坚战这一重点，综合运用执法检查、代表视察、听取审议省政府年度环境报告、专题询问等多种监督形式，不断加大监督力度，使有关生态环境保护的制度和法律落地生根、取得实效。

一是执法检查助推打赢蓝天、碧水、净土三大保卫战。云南省人大常委会先后对云南省实施大气污染防治法、水污染防治法、土壤污染防治法等法律实施情况进行检查，专门组织对九大高原湖泊“一湖一条例”执法检查。执法检查中探索采取明查、暗访两种形式，逐一对照条例条款整理问题清单，提出整改意见。检查既正视问题找准短板，更回应了百姓对打好污染防治攻坚战的期盼。2020年，根据全国人大常委会要求，检查了云南野生动物保护“一法一决定”贯彻情况，依法推动野生动物栖息地保护管理，严厉打击非法猎捕、交易、运输野生动物等工作。自2018年以来，云南省人大常委会常务副主任、省级河（湖）长制副总督察和段琪同志率队，每年均对九大高原湖泊河（湖）长制落实情况逐一进行督察，为推进云南省依法治湖和水环境保护提出建设性意见和建议。

二是“三合一”求取人大监督“最大值”，创新监督方式。按照新环境保护法第27条规定，省人大常委会严格依法落实年度环境状况报告制度。2016年，云南省成为全国首批人大审议政府环保报告的省份，并把年度环境报告列为人大监督的常规内容。2017年至2018年，云南省人大常委会积极发挥主导作用，统筹抓好工作机制建设，在完成依法听取年度环保报告规定动作的基础上，自选动作探索创新，打出组合

拳，连续两年推行“听取专项工作报告＋开展工作评议＋测评”的“三合一”监督方式，其中亮点是测评政府环境报告采取量化打分，并现场打分，无记名投票，现场唱票和公布测评结果。根据测评结果，省人民政府环保工作2016年为“合格”(79.6分)，2017年为“良好”(85.15分)。

三是贯通人大监督和中央环保督察监督。首次围绕落实中央环保督察反馈意见，听取和审议省人民政府关于中央环境保护督察“回头看”及高原湖泊环境问题专项督察反馈意见问题整改进展情况的报告并开展专题询问，督促政府加大工作力度，坚决整改到位。2020年，云南省、州（市）、县（市、区）三级督察体系有效运转，省人大常委会、省政协对九大高原湖泊、六大水系和牛栏江开展专项督查，省委、省政府督查室和省级有关部门开展专项督查，及时发现问题，督促整改。2020年9月27日，云南省第十三届人大常委会第二十次会议举行联组会议，对云南省九大高原湖泊保护治理工作开展专题询问。副省长和良辉在省十三届人大常委会第二十次会议上作了《关于云南省九大高原湖泊保护治理工作情况的报告》提请省人大常委会组成人员审议，副省长和良辉带领9个省级相关部门负责人到会应询，接受省人大常委会组成人员集体发问：如何保护治理好云南九大高原湖泊，让“高原明珠”永葆迷人风采。执法监督对推动打赢蓝天、碧水、净土保卫战发挥了积极作用。

三、案例点评（经验与启示）

党的十八大以来，云南省高度重视生态文明法治建设工作，牢固树立“法治是第一保障”的理念，把全面依法治省作为“四个全面”战略布局的重要组成部分抓紧抓好，充分发挥法治的引领、规范和保障作用，在生态文明建设的地方立法和执法监督方面积累了很多宝贵经验，有特色有亮点。

（一）从立法工作来看，做到了站高位、明优势、成体系、勇创新

云南省、州、县三级人大及常委会围绕省州县工作大局，依法履行各

项职责，为促进经济社会发展作出了积极贡献。坚持科学立法、民主立法，把提高立法质量作为关键，注重立法调研，完善立法机制，着力提高立法的质量。在生态文明建设地方立法工作上体现了以下特点：一是站高位、强领导、顾大局，牢固树立“抓法治就是抓发展”的理念，充分发挥党委（党组）总揽全局、协调各方的领导核心作用，把党的领导贯穿于法治建设全过程。二是明优势、抓生态、保重点，良好的生态环境基础和众多的民族自治地方拥有民族立法权是云南省的优势和特点，云南省、州、县三级人大常委会科学合理制定立法规划，坚持生态优先，突出生态环境保护立法，着重于“生态美”，让法治为美丽云南建设保驾护航。三是成体系、有配套、抓落实，如大理白族自治州的生态文明地方立法强调“立法保护，科学规划，建章立制，综合治理”，形成了较为完善的洱海保护治理法律法规体系。四是讲程序、早酝酿、勇创新。云南省民族自治地方各项法律法规的制定都严格依照《民族区域自治法》和《中华人民共和国立法法》规定，并认真履行规范报批的相关工作程序，生态文明地方立法在严格遵守立法程序的过程中，勇于创新，不断有前瞻性的发现并及早开始酝酿相关的立法事宜。

（二）从法律文本来看，抓住了生态文明建设的主要矛盾，突出问题导向，用法律明确责任，务实管用，注重多个法律之间的积极互补和良好衔接

从云南省州（市）县人大及其常委会制定的现行有效生态环保类地方性法规的法律文本来看体现以下特点：一是抓住了生态文明建设的主要矛盾——发展经济和保护生态环境之间的关系，同时，生态文明建设要贯穿在经济建设、政治建设、社会建设、文化建设的各方面和全过程才能够得到有效实现。二是坚持问题导向，注重生态文明建设地方立法的针对性，真正做到“针对问题立法、立法解决问题”。三是用法律明确责任，解决缺位、错位问题。针对云南省水资源管理存在“多龙管水”的问题，云南省人大常委会把理顺管理体制作为水资源保护立法重点，采用“相对集中

行使部分行政处罚权”法律制度，改革执法方式，推动水资源管理体制改革。四是务实管用，用好用足民族自治地方立法权。云南省各民族自治地方人大在民族立法中坚持有特色、可操作，对国家法律法规没有明确规定的，根据本地实际，制定和出台一些地方性法规予以明确。如澜沧江拉祜族自治县的《古茶树保护条例》《民族民间传统文化保护条例》《景迈山保护条例》等，就是根据民族区域自治法的许可超前立法。五是注重多个法律之间的积极互补和良好衔接。

（三）从后续工作来看，注重强化法治思维，优化法治环境，强化监管执行

云南省、州、县三级在生态文明法治建设上注重强化思维，优化法治环境。

一是坚持抓实普法教育这项基础性工作；二是深化基层组织和部门、行业依法治理；三是领导重视，建章立制，明确责任，严格奖惩；四是创新执法检查思路和创新监督方式。

今天站在“十四五”新的起点上，云南要牢记嘱托，接续奋进，努力在建设生态文明建设排头兵上不断取得新进展，紧紧围绕成为全国生态文明建设排头兵、建成中国最美丽省份这个目标，以推动经济高质量发展和生态环境高水平保护为主线，坚持最高标准、最严制度、最硬执法、最实举措、最佳环境，擦亮蓝天白云底色、还原绿水青山本色、守好良田沃土纯色，让“动物王国、植物王国、世界花园”的美誉更加响亮，实现云南“十四五”生态文明建设排头兵取得新进展的目标。

作者简介

盛世兰，中共云南省委党校（云南行政学院）哲学教研部教授，校（院）跨越式发展研究院生态文明建设研究中心主任。

坚持生态保护优先高位打造西宁北山美丽园

绿色是生命的象征、大自然的底色。今天，绿色更代表了美好生活的希望、人民群众的期盼。民有所呼，党有所应。在党的十八届五中全会上，习近平同志提出创新、协调、绿色、开放、共享“五大发展理念”，将绿色发展作为关系我国发展全局的一个重要理念，作为“十三五”“十四五”乃至更长时期我国经济社会发展的一个基本理念，体现了我们党对经济社会发展规律认识的深化，将指引我们更好地实现人民富裕、国家富强、中国美丽、人与自然和谐，实现中华民族永续发展。治政之要在于安民，安民必先惠民。绿色发展理念以绿色惠民为基本价值取向，彰显了党对新时期惠民之道的深刻认识。习近平同志指出，良好生态环境是最公平的公共产品，是最普惠的民生福祉。生态环境一头连着人民群众生活质量，一头连着社会和谐稳定；保护生态环境就是保障民生，改善生态环境就是改善民生。随着经济社会发展和人民生活水平提高，人们对生态环境的要求越来越高，生态环境质量在幸福指数中的地位不断凸显。坚持绿色发展、绿色惠民，为人民提供干净的水、清新的空气、安全的食品、优美的环境，关系最广大人民的根本利益，关系中华民族发展的长远利益，是我们党新时期增进民生福祉的科学抉择。2016 年习近平总书记到青海考察时明确指出，“今天的青海，在党和国家工作全局中占有重要地位，对国家生态安全的重要性尤其突出。做好青海的工作，事关国家安全和发展战略全局，事关实现全面建成小康社会奋斗目标、实现中华民族伟大复兴的中国梦”，强调“青海最大的价值在生态，最大的责任在生态，最大的潜力在生态”。这是党的十八大以来习近平总书记对青海一系列重要指示精神的延续和升华，十分清晰地明确了青海工作的首要任务和发展定位，也为谋划、推进各项工作确立了大主题、指明了大方向、奠定了大基调。西宁是青海的省会城市，是全省政治、经济、科技、文化、交通、医疗中心，战略地位极其重要。同时，地处河湟谷地的西宁，也是青藏高原上人类活动强度最大的地区，生态环境的约束尤为突出，具有重要的生态功能。因此，面对新形势新要求，西宁必须以更宽的视野、更大的责任、更高的标准，推动生态环境治理水平不断提升，全力打造“绿色发展样板城市”，把习近平总书记重要讲话要求转化为西宁的具体实践，在西宁落地生根、开花结果，特别是要拓宽“绿水青山”向“金山银山”转化的路径，让“绿色”成为幸福西宁发展的底色。

一、背景情况

西宁市是青海省省会，地处青藏高原东北部，总面积 7660 平方公里，市区面积 380 平方公里，建成区面积 120 平方公里，下辖五区、二县及西宁（国家级）经济技术开发区，常住人口 238.7 万人，城镇化率 72.9%，是青藏高原唯一人口超过百万的中心城市，也是“三江之源”和“中华水塔”国家生态安全屏障建设的服务基地和大后方。市区生态良好、环境宜人，空气质量连续五年位居西北省会前列，成为全国首个入选“无废城市”试点的省会城市。北山美丽园位于西宁市湟水以北地区，建设之前隶属城北区及城东区管辖范围，朝阳电厂至大寺沟属城北区管辖，大寺沟以东至小峡由城东区管辖。建设之后由西宁市林业局和草原局直接管辖。

（一）气候环境条件

西宁市属高原半干旱大陆性气候，具有寒长暑短、昼夜温差较大、降水量少但集中的特点。据西宁气象站 1954—1999 年观测资料，年最高月平均气温 17.2℃，年最低月平均气温零下 8.4℃。多年平均降水量 369.1 毫米，蒸发量 1763 毫米。北山区域内总体地势北高南低，最低海拔 2200 米、最高海拔 2800 米，最大高差达 600 米，主要地貌单元为黄土丘陵区、坡崩积裙区和河谷平原区。

西宁盆地在大地构造上属祁连加里东褶皱系祁连中间隆起带，经燕山晚期振荡运动，形成西宁盆地中——新生代的红色含盐碎屑岩建造，受新构造运动影响形成近东西向褶皱带。新构造运动主要表现为间歇性的上升运动，导致湟水强烈下切，形成了多级宽阔阶地，并在北山斜坡前缘形成了高陡斜坡，成为北山一带独特的地质景观，同时为滑坡、危岩（崩塌）的形成提供了临空条件。

（二）经济社会条件

近年来，西宁经济快速发展、民生日益改善、生态持续向好、社会不断进步，已成为中国西部发展势头迅猛、发展潜力巨大的城市之一。2019 年，全市实现地区生产总值增长 7.5%，市属固定资产投资增长 12.4%，社会消费品零售总额增长 5%，全体居民人均可支配收入增长 8.1%，地方公共财政预算收入增长 9.5%，经济运行呈现总体平稳、稳中有进、稳中向好的良好态势。北山特大地质灾害区有 56 家企事业单位，居民 5155 户 3 万多人，地质灾害严重威胁到居民的生命财产安全以及企事业单位和市政设施共计 50 亿元资产的安全。城东区北山危岩体段居民搬迁范围包括，受北山危岩体地质灾害威胁较严重的山根以南（含半山坡）的住户，平西高速公路以北区域住户，涉及韵家口镇、林家崖办事处、火车站办事处的中庄褚家营、林家崖、路家庄、王家庄 5 个行政村及一颗印片区。

二、基本做法

（一）案例概况（主要存在问题）

西宁北山从西宁市湟水河北岸，西起朝阳立交桥，东至小峡口；南侧以机场高速为界，北部以北山斜坡带为界，多年来因其复杂的地质构造，隐藏着难以想象的地质灾害危险。2008年以前经青海省国土资源部门调查，在该地区东西长约14.01公里，南北宽约3.61公里，面积约50.6平方公里的范围内分布着各类地质灾害66处，其中危岩体38处，滑坡10处，泥石流沟18条，形成了特大型地质灾害隐患危险地段，已造成诸多问题和潜在隐患。

一是北山地质灾害关乎群众生命财产安全的问题。位于西宁市湟水河北岸的北山特大地质灾害区，涉及总搬迁面积92.19万平方米。该区域有56家企事业单位，居民5155户3万多人。据了解，自1847年以来，北山特大地质灾害已先后造成300多人死亡，近十几年来又有30多人因此遇难，直接经济损失达4亿多元。地质环境监测部门的监测结果显示，该地区北山寺、林家崖等地危岩体及滑坡仍处于活跃状态，有些处于临界状态，存在随时坍塌和滑动的危险，严重威胁到居民的生命财产安全以及企事业单位和市政设施共计50亿元资产的安全；城区长期无法进行基础设施的投资与建设。根据相关专家实地踏勘论证，北山已在2006年被确定列入国家级特大型地质灾害危险区。

二是北山地质灾害关乎国家战略交通安全的问题。由于青藏铁路、兰西高速公路（接丹拉国道）以及兰新第二双线约20公里线路处于地质灾害区，该区域滑坡、坍塌、泥石流等地质灾害隐患对内地连接青海、西藏、新疆等民族地区的交通大动脉造成很大的威胁和影响。

三是北山地质灾害关乎城市景观和文物保护的问题。长期以来，由于受地质灾害影响，无法进行城市基础设施的投资与建设，致使区域内基础设施差，功能混乱。居民住房大多简陋危旧，环境恶劣。西宁市著名景点、道教土楼观北禅寺位于北山危岩体上，由于斜坡不断发生危岩坍塌，有的壁画已随坍塌体崩落，危及文物保护。

四是北山地质灾害关乎民族团结与和谐的问题。该地区居住的居民75%以上为穆斯林群众，另有汉族、藏族、土族、蒙古族等世居人口。

在全省民族团结进步示范区创建活动中，北山世居群众强烈要求将地质灾害治理列入重点解决的突出问题之一，但由于省、市政府财力有限，一直未能彻底解决。

（二）决策过程

面对历任政府想解决而限于自身财力没解决的问题，着眼改善民生和经济社会发展的大计，西宁市委、市政府痛下决心，要“啃下北山危岩体这块硬骨头”。2006 年，西宁市委、市政府果敢决策，将北山危岩体的综合治理项目列入西宁市“十一五”期间的重点建设工程。2008 年将北山危岩体综合治理项目列入为民办实事的重要改造项目之一。在国家和省委、省政府的大力支持下，聚集多方力量，全力将利剑挥向北山特大地质灾害区。

（三）解决方案

北山危岩体的改造并不是简单地搬迁，也不是单一地消除隐患，而是一项结合未来发展，科学规划，综合治理的系统工程，是把危岩体隐患的消除与切实改善生态环境结合起来，把隐患区的群众搬迁与旧城改造，提高城市品位结合起来，才能解决灾害风险、交通安全、居民生活生产、文物保护和社会稳定等问题，实现高标准高质量绿色发展。对于广大西宁市民来说，北山危岩体综合治理工程是一件根除灾害威胁，惠及普通群众的大实事；对于日新月异的高原大都市来说，北山危岩体综合治理工程是城市发展理念的一大创举。西宁市委、市政府采取了针对性措施开展该项综合治理。一方面，实施生态环境综合治理项目。为从根本上解决北山特大地质灾害隐患，西宁市拟继续实施以居民点搬迁、文物保护、土地整理复垦和生态环境建设等为主要内容的北山特大地质灾害综合治理工作。从 2006 年开始，该市分期对北山危岩体地质灾害危险区内开展搬迁避让和综合治理工作，2008 年西宁市委、市政府为确保北山地质灾害区域内居民生命财产安全，彻底改变北山危岩体周边环境差的现状，启动实施了北山危岩体环境综合治理项目，共投资 38.69 亿元，拆迁房屋面积 182.57

万平方米，拆迁总户数5000多户，后期绿化及景观建设方面投资约5亿元。另一方面，制定绿地管理办法。2014年3月，西宁市人民政府以政府令的形式颁布了《西宁北山美丽园永久性绿地管理办法》，规定任何单位和个人不得从事与绿化景观无关的开发、建设、经营、生产、租赁等活动，使园区绿地得到永久性保护。

（四）实施过程

北山危岩体综合整治项目既关系到人民群众生命财产的安危，同时也关系到西宁市区北部城市景观的改善和提升，有关部门要结合西格线复线建设的拆迁，缜密规划、精心安排、科学治理。首先要从对山下居住群众构成危害最大的危险片区着手整治，逐年分步实施，要把项目建设和生态环境的整治有机结合起来，同改善当地群众生活居住条件有机结合起来，通过项目的有效实施，使居住在这里的居民走出地质危害的危险隐患地带，同时使小峡口到朝阳立交桥段的西宁北部片区彻底改变面貌，成为贯通西宁市区东西的北部风景线。建设过程大致可分为以下两个阶段。

综合治理阶段（2006—2012年）：2006年西宁市委、市政府为确保北山危岩体下居民的生命财产安全，启动实施了北山危岩体环境综合治理项目。北山综合治理项目的内容分为两期。项目一期主要内容为：（1）由城东区政府对该项目范围内涉及的地质灾害安全隐患的住户进行搬迁安置。搬迁安置范围西起小西沟口，东至城东区林家崖办事处小寨村，南至兰西高速公路，北至北山绿化区域，涉及一镇两办（韵家口镇、林家崖办事处、火车站办事处）的一颗印片区和中庄村、褚家营村、王家庄村、路家庄村、林家崖村5个行政村。征地拆迁区域内涉及五个行政村的搬迁户1080户。（2）对搬迁后的土地、荒山荒坡和部分村集体耕地实施征收后进行绿化。沿机场高速公路北侧营造宽度50米的高标准景观林带，对林带建设范围内的用地根据高速公路标高进行平整，力求整个地形平整、流畅，最终达到栽树和实现自流灌溉的要求。（3）开展矿山环境恢复治理。主要对大寺沟、小西沟、羊圈沟流域矿山地质环境治理项目实施边坡工程、生物工程、拦挡工程和排导工程等。项目二期是在一期的基础上，扩大绿化的面积。在高速公路北侧兴建全长 13 公里的城市景观林带，拟采取两种方案予以绿化。到 2012 年，历时 7 年完成了北山片区环境综合治理工作，不仅解决了北山危岩体长期以来的隐患，使千余户居住在危岩体阴影下的百姓脱离危险，同时也使从小峡口到朝阳立交桥段 20 多公里的西宁北部片区彻底改变面貌，并成为贯通西宁城区东西的北部风景线，形成了贯穿城市东西干道的生态廊道。

全面提升阶段（2013 年至今）：2013 年，西宁市委、市政府进一步加大力度，实施机场高速公路沿线整治，高起点定位、高起点规划、高标准建设，用近三年时间全面完成了北山片区及机场高速公路沿线绿化景观建设提升。同时，为了巩固来之不易的绿化成果，正式确定将北山片区 6000 亩土地划为北山美丽园永久性绿地。2016 年，西宁市生态绿化建设进入量变到质变的发展阶段，为建设幸福西宁，增强广大市民的获得感和幸福感，享受越来越多的“绿色福利”，市委、市政府作出重要决定，以更大的决心、更强的毅力、更高的投入，在北山美丽园建设丹凤朝阳景区、北山烟雨景区、昆仑神韵景区、京韵青风景区、付家寨景区、宁湖湿地景区六大景区景点，让其成为西宁市最大的市民游憩公园。2018 年，启动北山美丽园二期绿化项目，对域内新增地块进行绿化，绿化面积 62.03 公顷，同时对规划范围内基础设施进行更新修缮。目前，园内植物资源丰富，共计栽植油松、云杉、丁香、水腊等乔灌花卉 180 余种 500 万株。

三、案例点评（经验与启示）

（一）政府高度重视是开展北山环境综合治理的前提

随着对省情市情的不断深化认识，市政府开始转变片面追求 GDP 的发展理念，逐步认识到当前以及未来的西宁发展必须要以生态保护优先为基本原则，遵循好“保护生态环境就是保护生产力，改善生态环境就是发展生产力”的基本原则，省委、省政府和市委、市政府高度重视西宁市北山危岩体区域生产生活生态空间布局不合理、环境风险隐患重重、生活质量堪忧等危情。虽然财力有限，但治理北山的决心始终在坚持和实践。为了争取国家的支持，从省市主要领导到相关部门的负责人，跑北京“跑出了一条大路”。为了争取国家地质灾害专项资金，2005 年由市政府主要领导亲自与省国土资源厅协调，由省国土资源厅出资，委托省水文地质勘察院编制完成了北山综合治理的可行性大纲。依据此大纲，在收集了北山地区地质灾害历史资料的基础上，市政府逐级向国家发改委和国土资源部申报了项目，省政府主要领导、省国土资源厅和市政府相关领导也多次向国家有关部门汇报项目情况，争取项目早日列入国家专项计划。2006 年 6 月 3 日，国土资源部派专家组对北山进行了实地踏勘，作出了北山地质灾害属特大地质灾害的结论，并提出了治理的相关意见和建议。同年，西宁市委、市政府决定再次积极争取国家支持，对北山特大地质灾害进行综合治理，至此北山特大地质灾害综合治理工程开始启动。青海省委常委、西宁市委书记、市长多次前往治理现场，部署工作，研究难题。同年，市委、市政府下决心、抓重点将北山危岩体的综合治理项目列入西宁市“十一五”期间的重点建设工程。2008 年又将北山危岩体综合治理项目列入为民办实事的重要改造项目之一。此外，在项目实施过程中形成政府主导、多部门合作、全社会参与的机制。例如城北区政府主管领导牵头，区建设局、国土局、城管局等相关部门联合组成拆迁安置小组，就涉及村社进行评估，同步开展安置房建设前期手续的办理工作，组织建设、规划、民政等多部门参与，既考虑规划建设，又注重群众安置。

（二）做好顶层设计是科学谋划北山生态环境综合治理的基础

良好的生态环境保护规划能推动区域经济和谐发展，成为衡量区域建设管理水平的重要指标。由于历史的原因，西宁市城市生产生活生态结构、城市空间形态、道路骨架分布和城市功能区的划分等仍存在一些问题。市政府以规划为龙头，针对北山危岩体长期以来造成的地质灾害隐患及北山片区百姓居住环境的脏乱差现象，在制定西宁市“十一五”规划的过程中，将北山危岩体环境综合治理列入了“十一五”期间的重大建设工程当中。通过对片区内危岩体的治理，整合片区内土地，以建设环境为主，改善市容市貌，创造良好的居住环境和城市景观，并且相继制定实施了《机场高速环境综合整治实施方案》《西宁市北山危岩体综合治理绿化区养护管理方案》《北山美丽园沿线景区及景点建设工程实施方案》《北山美丽园二期绿化项目方案》《西宁市小桥苗圃北山危岩体综合治理绿化区养护管理实施方案》等，进行北山危岩体环境综合治理改造和园区绿化，以建设“交通干线、景观主线、生态绿线”三大功能的现代化景观高速公路为要求，高标准规划，高质量建设。以机场高速沿线为主线，以“一带、四片、六区”为结构布局，整合西平高速公路沿线已建成的生态绿地。对旧城改造业，建设现代化建筑群、绿化、美化、灯化、商业与憩息为一体开发新区，城市面貌发生显著变化。北山危岩体环境治理历程不难表明，生态环境保护与经济社会息息相关，虽然不同时期规划工作重点有所不同，但都紧紧围绕重点危岩体治理和园区绿化等方面对指导西宁北山美丽园建设发挥了提纲挈领的作用。

（三）筹集项目资金投入是北山美丽园建成的支撑

西宁市资金紧张，财政困难，千方百计筹集资金，增加投入，加强城市基础设施建设，是北山危岩体环境综合治理的硬件。根据北山危岩体综合治理工程可行性研究报告，完成综合治理共需资金 20.1 亿元。西宁市从 2006 年开始，共筹措资金 5.5 亿元，分期对北山危岩体地质灾害危险区内开展搬迁避让和综合治理工作，2010 年 6 月完成了一、二期治理。投入资金 4.42 亿元。三、四期治理工程涉及搬迁安置 4120 户及多家企事业单位，征地 805 亩，拆迁 18.8 万平方米。2016 年实施了北山美丽园沿线景区及景点建设工程和北山美丽园二期绿化项目。从 2008 年至今，共投资 38.69 亿元，后期绿化及景观建设方面投资约 5 亿元。目前，北山美丽园已全面建成，全线沿北山而行，东起小峡口宁湖蓄水闸处，西至宁大高速祁家城互通立交处，南以宁大高速、西平高速、互助路、团结桥、八一路为界，北与北山绿化区相接，东西长约20公里，南北平均宽度200米，总面积约6000亩。已建成丹凤朝阳景区、京韵青风景区、北山烟雨景区、昆仑神韵景区、付家寨城市生态林地、宁湖滨水湿地公园以及机场高速（西宁段）沿线防护林带，形成贯通城区东西的一条生态风景线。重点生态工程的持续推进对西宁北山生态环境改善作出了举足轻重的贡献。可见，重点工程项目是推动生态环境治理规划顺利实施的有力抓手，是确保生态环境建设持续推进的“牛鼻子”，更是经济社会与生态和谐发展的重要支撑。

（四）严格的制度是北山美丽园可持续发展的保障

为了改善和保护生态环境，加强西宁北山美丽园永久性绿地的规划建设和管理，根据《中华人民共和国城乡规划法》《城市绿化条例》等法律法规，结合西宁市实际，2014年制定《西宁北山美丽园永久性绿地管理办法》。用于西宁北山美丽园永久性绿地的规划、建设、保护和管理等活动。《西宁北山美丽园永久性绿地管理办法》规定“任何单位和个人不得改变永久性绿地的用地性质；不得从事与绿化景观无关的开发、建设、经营、生产、租赁等活动”。要求市政府相关部门和城东区、城北区政府建立健全永久性绿地建设与保护机制，增加城市绿化经费投入，将养护和管理费用列入财政预算，保证永久性绿地规划建设和养护管理的需要。市园林绿化行政主管部门负责北山美丽园绿地的规划、建设和养护管理工作。严格规范区域内的各项监督管理工作，杜绝各类违法行为的发生，办法明确细化了相关处罚规定。该《西宁北山美丽园永久性绿地管理办法》是有效保障北山美丽园6000亩绿地永久保护的制度，也进一步明确了相关部门的职责。同时，园区管理还要严格执行《西宁市南北山绿化管理条例》《西宁市城市绿化管理条例》等相关制度。党的十九大报告强调“加快生态文明体制改革，建设美丽中国”，习近平总书记在全国生态环境保护大会上指出："用最严格制度最严密法治保护生态环境，加快制度创新，强化制度执行，让制度成为刚性的约束和不可触碰的高压线。"这是新时代推进生态环境治理的一项重要原则。"着力解决突出环境问题"，解决城市环境问题的根本在于体制机制配套改革，才能促进城市绿色低碳发展。因此，要推进欠发达城市健康可持续发展和提高"两山"转化效率，必须要有完善的制度作为保障。

（五）坚持以人民为中心是推进北山美丽园建设的根本

随着社会进步和人民生活水平的提高，人们对生态环境的要求越来越高。从"求生存"到"求生态"，从"盼温饱"到"盼环保"，群众对干净水质、绿色食品、清新空气、优美环境等生态的需求更为迫切。良好生态环境是最公平的公共产品，也是最普惠的民生福祉。践行以人民为中心的发展思想，必须在生态环境上交出合格答卷。北山危岩体环境治理过程中，拆迁户得到合理补偿和安置。为确保拆迁安置工作得以顺利进行，拆迁户的正常生活不受影响，根据市委、市政府的部署，城东区政府配套出台了具体的拆迁安置补偿方案，主要以货币补偿为主，其他补偿方式为辅。在对持有本市常住户口的本市居民（不含低保户、残疾户）的安置上，经评估后进行了一次性货币补偿安置，同时，市政府在市区内提供经济适用房 200 套，每套按每平方米 1450 元或 1350 元出售，比同段商品房的市价低 1000 元左右，由搬迁户按有关规定自行购买。在对城镇低保户、困难户（含残疾户）的安置上，按评估价进行一次性货币补偿后，按有关程序，被安置到市政府在市区内为他们提供的廉租房内居住，享受廉租房居住政策。在对省外及外州（县）等非本市居民的安置上，按评估价进行一次性货币补偿安置。在对各村村民的安置上，经对搬迁村民房屋进行评估补偿后，由各村村委会负责统一安置在本村规划建设的新村小区内居住。拆迁补偿标准参照省市相关文件精神，每平方米按评估价不高于 560 元的标准进行一次性货币补偿。村民在安置地自行建房的，给予补贴，原房屋不予补贴。该区政府对搬迁进度较快的住户还特别设立了适当的货币奖励机制和其他优惠政策。此外，北山美丽园沿线的绿色景观与城园相融，城园互补，日渐满足着城市居民走进大森林、回归大自然的物质、文化需求和日益增长的生态旅游市场的需要，打造出生产生活生态空间相宜的现代化都市氛围，既解决了北山周边居民生产生活隐患，也实现了民生改善、经济发展、社会稳定、生态良好，充分体现了西宁市政府能动用大量资金实施生态惠民工程的决心，也凸显了市委、市政府生态惠民、生态利民、生态为民的坚强信心。

作者简介

才吉卓玛，中共青海省委党校（青海省行政学院）生态文明教研部副主任、副教授。

浙江省安吉县践行“两山”理念的主要做法与经验启示

建设生态文明是关系人民福祉、关乎民族未来的大计，是实现中华民族伟大复兴中国梦的重要内容。2017 年 10 月 18 日，习近平总书记在党的十九大报告中指出，坚持人与自然和谐共生，必须树立和践行“绿水青山就是金山银山”的理念，坚持节约资源和保护环境的基本国策。2018 年 5 月 1 日，习近平总书记在全国生态文明大会上指出，绿水青山就是金山银山是重要的发展理念，也是推进现代化建设的重大原则。“绿水青山就是金山银山”，阐述了经济发展和生态环境保护的关系，揭示了保护生态环境就是保护生产力、改善生态环境就是发展生产力的道理，指明了实现发展和保护生态环境协同共生的新路径。绿水青山既是自然财富、生态财富，又是社会财富、经济财富。保护生态环境就是保护自然价值和增值自然资本，就是保护经济社会发展潜力和后劲，使绿水青山持续发展生态效益和经济社会效益。2020 年 3 月 30 日，习近平总书记时隔 15 年再次到浙江安吉余村考察，他指出，要践行“绿水青山就是金山银山”发展理念，推进浙江生态文明建设迈上新台阶，把绿水青山建得更美，把金山银山做得更大，让绿色成为浙江发展最动人的色彩。

一、背景情况

安吉县，取《诗经》“安且吉兮”而得名，隶属浙江省湖州市，地处浙西北和长三角腹地。全县总面积1886平方公里，七山一水二分田，植被覆盖率75%，是中国竹乡和白茶之乡，也是长三角地区的天然绿色氧吧，生态优势明显。2020年底，全县下辖8镇3乡4街道，户籍人口约47万人。在选择发展道路时，安吉县曾走过弯路。20世纪80年代，安吉交通条件落后，工业基础薄弱，被列为浙江省25个贫困县之一。为脱贫致富，当时县委、县政府决定走“工业强县”之路，引进和发展一些资源消耗型和环境污染型产业，如造纸、化工、建材、印染等产业。尽管此后GDP一路高速增长，但对当地的生态环境造成了巨大破坏。

1998年，安吉在国务院开启的太湖治污“零点行动”中收到了“黄牌警告”。在整治任务的倒逼下，安吉县委、县政府当年就投入8000多万元铁腕治污。安吉逐渐意识到，好的发展一定离不开好的生态环境。2001年安吉确立了“生态立县”的发展战略，下决心改变先破坏后治理的传统发展道路，开始对新的发展方式进行探索和实践。通过有效整治，安吉的生态环境有了较大的改善，但经济发展速度还是明显落后于周边地区，一些干部群众对于保护环境还是发展经济产生了疑惑与争论。

习近平同志在担任浙江省委书记期间，先后两次来到安吉调研：2003年4月9日，习近平同志到安吉调研生态建设工作时指出，对安吉来说，“生态立县”是找到了一条正确的发展道路。2005年8月15日，习近平同志到安吉余村调研，对村里痛下决心关停矿山和水泥厂、探寻绿色发展新模式的做法给予高度评价。他说，一定不要再去想走老路、迷恋过去那种发展模式，下决心停掉一些矿山是高明之举。我们过去讲既要绿水青山，也要金山银山，实际上绿水青山就是金山银山。他还告诉余村的广大村民，发展经济要学会选择、学会放弃，鱼与熊掌不可兼得，你们这里是一方宝地，距离上海、苏州2小时，距离杭州1小时的交通圈，所以长三角这么一个地方，等到人均收入达到5000美元，逆城市化将成为一种趋势，城里人会到农村来玩，然后发展休闲经济就大有可为。

正是习近平总书记提出的“绿水青山就是金山银山”理念这一指路明

灯，为安吉这片绿水青山找到了正确的打开方式，坚定了安吉发展生态经济、走绿色发展道路的信心。此后，安吉全县干部群众积极践行“两山”理念，深入推进生态文明建设，以“中国美丽乡村”建设为总抓手，走出了一条“生态美、产业兴、百姓富”的可持续发展之路，成为联合国人居奖获得县、中国首个生态县，还荣获美丽中国十大最美城镇、中国生态文明奖等诸多荣誉。

二、基本做法

绿水青山就是金山银山，是发展理念和方式的深刻转变，也是执政理念和方式的深刻变革。安吉始终牢记习近平总书记的谆谆教诲，坚定不移践行“两山”理念，把深邃的思想化作丰富的实践，不断探索绿色发展的方式和路径，在全国率先开展美丽乡村建设，集中精力发展休闲旅游经济，从“靠山吃山”变成了“养山富山”，实现了生态环境保护与经济社会发展的双赢。2012 年到 2019 年，全县人均 GDP 年均增长 10.4%，财政收入年均增长约 18%。2019 年，安吉实现 GDP470 亿元，比 2005 年增长了 5 倍；全县农民年人均纯收入达到 33488 元，高于全省平均水平。安吉从一个名不见经传的山区穷县成了闻名遐迩的全国名县。

（一）大力发展生态产业，持续把绿水青山变成金山银山

安吉自然资源丰富，生态优势明显，既有满山遍野的竹林，又有清澈见底的水库和溪流。党的十八大以来，安吉依托优美生态环境优势，着力发展生态经济，努力把生态优势转化成产业优势，使“绿水青山”变成“金山银山”。按照生态产业化、产业生态化原则，安吉通过腾笼换鸟，主动淘汰高能耗、高污染产业，大力发展生态产业。这主要表现在：实施生态农业高端化战略，建立现代农业体系；实施生态工业高新化战略，建立现代工业体系；实施休闲产业高端化战略，建立现代服务业体系。与此同时，安吉还积极把握长三角大城市产业外溢和新兴产业发展趋势，大力

发展绿色家居、高端装备制造、信息经济、现代物流和乡村休闲旅游等新兴产业，让县域经济发展不断迈上新台阶。

通过大力发展生态产业，茶业、椅业、竹业成为安吉“绿色”产业的三张名片，尤其是竹产业成为安吉绿色发展的先行者。安吉因竹而富，因竹而灵。安吉全县有 108 万亩竹林，2 亿多株毛竹，走进安吉，随处可见郁郁葱葱的竹林。竹材相比木材，具有较大的再生优势，阻燃、防腐功能优越，一根根竹子通过安吉人的巧手变成了能吃（竹笋）、能喝（竹饮料、竹酒）、能居（竹房屋、竹家具）、能穿（竹纤维衣被毛巾袜子）、能玩（竹工艺品）、能游（竹子景区）的时尚用品，形成了拥有七大系列 5000 多个品种的完善竹产业链和发达的文化旅游业。从卖竹扫把到做种类繁多的竹科技产品，安吉毛竹的“身价”已经从以前每百斤不足 6 元上升到每百斤 60 多元。在世界互联网大会、金砖五国会议、G20 杭州峰会等一系列国际盛会上，以绿色家居和东方文化为主题的“安吉智造”通过椅、竹等代表产品赢得了广泛关注。2019 年，安吉竹产业全行业产值达 225 亿元，以全国 1.8% 的竹产量创造了全国 20% 的竹业产值。目前，无论竹林培育、竹产品加工还是竹旅游资源的开发，安吉都走在全国乃至世界的前列。

（二）大力开展环境综合整治，切实改善生态环境质量

“两山”的理念提出之后，安吉县委、县政府清楚地意识到：先污染、后治理，先强县、再富民的路子，对安吉是死路一条。此后，安吉切实转变了发展思路，大力开展环境综合整治，实施“五水共治”“三改一拆”、村庄绿化、庭院美化等工程，有序推进厂区改造、道路三化、河道整治、污水处理、垃圾分类、“厕所革命”等行动，全面系统改造提升人居环境。全县新建、改建厕所 1200 多座，建成农村生活污水处理终端 2000 多座，实现垃圾分类全覆盖。经过这些年的努力，安吉空气质量优良天数、水环境状况一直位居浙江省前列。与此同时，人居环境也越来越好，街巷整齐干净，村民的房屋都是独栋别墅，漫步在这里能真正

感受到田园生活的惬意。余村是其中最典型的例子。“两山”理念提出以来，余村“两委”带领村民封山护水，拆除溪边所有违章建筑，深入实施村庄绿化、庭院美化，着力发展休闲旅游经济，走上了绿色可持续发展道路，实现了从“石头经济”向“美丽经济”的嬗变。2019 年，余村接待游客突破 90 万人次，农民人均收入从 2005 年的 8732 元增加到接近 5 万元。2020 年 3 月 30 日，习近平总书记再次来到安吉余村，感慨道：余村现在取得的成绩证明，绿色发展的路子是正确的，路子选对了就要坚持走下去。

（三）以美丽乡村建设为总抓手，把全县打造成为一个大景区

2008 年初，安吉在全国率先开展美丽乡村建设。对一个县而言，想要包装打造几个漂亮的村子不难，难就难在要把全域建成美丽乡村。为此，县委、县政府科学谋划通盘考虑全县城乡布局，借鉴欧美发达国家的经验和做法，再结合本地实际和百姓需求，按照村庄特色对全县 187 个行政村进行分类策划、分类设计、分类建设、分类经营，按照“宜工则工、宜农则农、宜游则游、宜居则居、宜文则文”的原则，明确发展目标，大力开展人居环境整治，充分挖掘生态、资源等优势，着力培育特色经济。

党的十八大以来，面对农村生产发展和环境保护的新形势、新问题，在乡村振兴战略的引领下，安吉县委、县政府以标准化为突破口，来规范和推进美丽乡村建设。2013 年，安吉出台《建设“中国美丽乡村”精品示范村考核验收暂行办法》。2014 年，由安吉美丽乡村系列标准提炼转化的《美丽乡村建设规范》成为国内首个省级美丽乡村建设示范标准。2015 年，安吉县政府作为第一个起草单位参与制定的《美丽乡村建设指南》国家标准正式发布。从县级标准升级为省级标准，再升级为国家标准，这既是对安吉美丽乡村建设的肯定，又说明了安吉美丽乡村建设模式的科学性和可复制性。

通过多年努力，全县 187 个村如同 187 幅画，村村是景区，处处都能

游，真正实现了全域旅游，整个县域也成了一个美丽的大景区。从“农家乐”到“乡村游”再到“乡村度假”和正在形成的“乡村生活”，安吉在“县域大景区”建设的道路上一直走在前列。2017 年 4 月，农业部在安吉召开全国休闲农业与乡村旅游大会，推广安吉的经验。同年 7 月，在安吉召开的第二届国际乡村旅游大会上，亚太旅游协会授予安吉国际乡村生活示范地的称号，安吉旅游模式由此走向世界。2019 年安吉荣获全国首批全域旅游示范区，全县共接待国内外游客 2807.4 万人次，旅游总收入达 388.2 亿元。旅游业成为安吉的新兴支柱产业，安吉也成为长三角著名的休闲度假胜地。

（四）创新体制机制，加强生态文明长效制度建设

党的十八大以来，安吉不断创新和完善生态文明制度建设，建立绿色发展的长效化体制机制。一方面，实行严格全面的生态管护机制和环境资源管理制度，坚持以法治、制度固化“绿水青山”成果。譬如，按照生态保护和污染防治并重的原则，不断完善生态环境监察执法机制，强化生态环境统一监管，采取专项执法、联合执法等多种形式，坚决制止各种破坏生态环境的违法行为。另一方面，创新生态考核机制，探索编制自然资源资产负债表，实施自然资源离任审计制度，把资源消耗、环境损害、生态效益纳入经济社会发展评价体系，将“绿色 GDP”指标纳入干部政绩考核的重要内容。在此基础上，根据功能定位，将乡镇分工业经济、休闲经济和综合经济三类，设置个性化指标进行差异化考核。对不具备发展工业经济条件的乡镇取消工业性投入、工业平台建设等指标，实行“考绿不考工”。此外，为有效推进美丽乡村建设，安吉及时出台了《中国美丽乡村长效管理办法》，通过扩大考核范围、完善考核机制、加大奖惩力度、创新管理方法等途径，巩固扩大美丽乡村建设成果。在生态文明建设激励引导机制上，安吉探索设立生态文明建设专项资金，通过以奖代补、以奖促治，加强财政资金对生态文明建设的奖励、补助，激励各级机构和个人参与生态文明建设的积极性和主动性。以上这些体制机制创新，为安吉深入

践行“两山”理念提供了坚实的制度保障。

（五）倡导绿色消费和绿色生活方式，深层次培育生态文明理念

在生态文明建设过程中，安吉县始终培育每位公民的生态自觉和生态参与。十多年来，安吉积极推动绿色消费，引导广大民众由传统生活方式向绿色生活方式转型，真正实现绿色消费、绿色出行、绿色居住。一方面，将绿色生活方式转化为生态文明信用指数，给全县符合绿色生活行为的居民发放“绿币”。“绿币银行”实行以来，全县村民参与垃圾分类、慈善公益、新时代文明实践志愿服务等活动的积极性不断提升。绿币银行最大的意义并不在于用虚拟货币兑换实物或是变成真金白银，而是提升全民生态文明意识，让绿色生活理念深入人心。另一方面引导广大群众树立崇尚自然、保护生态的情操，形成尊重自然规律的生态道德意识。结合公民道德教育，在报社、电台等媒体开设“生态文明建设”专栏，组织开展“环境保护与经济发展”等主题教育活动。例如，2003 年安吉把 3 月 25 日定为“生态日”，创设了全国首个县级生态日。如今，“生态日”已成为安吉的一项重要活动。每年 3 月 25 日，安吉所有的村庄都会开设生态讲座、普及生态知识。青少年用废弃物制成环保服装，走上生态广场进行表演。全县 10 万名群众巡查河道、美化环境……设立“生态日”是安吉大力推进生态文明建设的一个创举，对于提升广大群众的环保意识具有重要意义。

三、案例点评（经验与启示）

在传统发展模式中，经济发展和环境保护是一对“两难”的矛盾。美国经济学家库兹涅茨认为，当经济发展水平较低时，环境污染程度较轻，但是随着经济的增长，环境污染由低趋高；当经济发展达到一定临界点后，环境污染又由高趋低，环境质量逐渐得到改善。这种现象被称为“环

境库兹涅茨曲线”。安吉作为“两山”理念的诞生地，经济社会绿色转型较早，在生态文明建设上走在了全国的前列。党的十八大以来，安吉经济社会快速发展的实践表明，山区县的资源在绿水青山，潜力在绿水青山，山区县的发展完全可以摒弃常规模式，即让绿水青山变成金山银山，走出一条通过优化生态环境带动经济发展的全新道路，实现环境保护与经济发展双赢的目标。

（一）着力发展生态经济，是践行“两山”理念的关键

十多年来，安吉始终把生态放在首要的突出位置，坚持将发展生态经济作为践行“两山”理念的关键。生态经济主要包含生态产业化与产业生态化这两种实现形式和途径，安吉在推进美丽乡村建设的实践中将两者有机结合起来。一方面充分利用生态资源优势，大力推进生态产业化，将优美生态环境优势转化为经济优势，持续创造绿色生态红利。通过多年努力，安吉逐步打造出以河道漂流、户外拓展、休闲会务、登山垂钓、果蔬采摘、农事体验为代表的乡村休闲旅游产业链，不仅迎来了全国各地游客，而且吸引了不少外国友人慕名而来，美丽的环境成了安吉的“摇钱树”。另一方面，大力推进产业生态化，将生态理念融入经济发展，促进产业绿色低碳循环发展。安吉把全县大大小小的企业和竹制品家庭作坊搬进了工业区，实行统一规划、统一管理、统一治污。在此基础上，积极调整三大产业结构，工业做减法、休闲产业做加法，优先发展生态旅游产业，带动生态农业提质增效，走一、二、三产业相结合的发展道路，从而实现环境效益和经济效益的统一。

总之，安吉通过发展生态经济打通了“两山”转化的通道，既为美丽乡村建设创造了物质基础和经济条件，也保护了乡村优美生态环境这一重要自然资本，最终达到了产业兴旺、村强民富、美丽宜居的目标。从更高的层面看，围绕山区能不能发展、怎样发展的问题，安吉县突破了群山小路的制约，走出了绿色如何生钱的困惑，初步探索出生态与经济互促共进的路子，彰显了保护生态环境就是保护生产力、改善生态环境就是发展生

产力的理念。从安吉的实践中，我们更能深刻认识到生态环境问题归根到底是经济发展方式问题。

（二）科技支撑是践行“两山”理念的重要基础

推进践行“两山”理念实现绿色发展，需要能源综合利用技术、清洁生产技术、废物回收和再循环技术、污染治理技术以及环境监测技术等科技支撑，这些技术手段是绿色发展的技术依托。通过推进绿色技术创新，大力发展绿色产业，提高资源利用率，减少废弃物排放，才能真正实现绿色发展。安吉在践行“两山”理念过程中，始终坚持把科技支撑摆在非常突出的位置，不断提升科技创新对经济增长的贡献度。这主要表现在：科技投入大幅增长，2020 年全县 R&D 经费投入 12.4 亿元，占 GDP 比重达到 2.6%；高新技术产业成为新的支柱，国家高新技术企业达到 205 家，家具及竹木制品产业成为国家新型工业化产业示范基地；重大创新平台作用不断显现，省级企业研究院 33 家，省级高新技术企业研发中心 63 家，引入了浙江生态文明研究院、生命健康联合研究中心等一批创新载体。全县 300 多家企业与中科院、浙江大学等院所建立科技合作关系，共建创新载体。安吉的实践表明，只有加强科技创新，才能持续推进绿色发展和生态文明建设。

（三）坚持因地制宜、因村制宜，推进美丽乡村建设

在践行“两山”理念过程中，安吉按照尊重自然美、侧重现代美、注重个性美、构建整体美的“四美”原则，要求各乡镇和各村根据自身的自然禀赋、资源条件和区位特点，编制镇域规划，开展村庄风貌设计。全县的建制村划分为工业特色村、高效农业村、休闲产业村、综合发展村和城市化建设村五类，着力体现一村一业、一村一品、一村一景，全县 187 个行政村构成了 187 幅风景画。与此同时，按照“专家设计、公开征询、群众讨论”的程序，确保村庄规划设计科学合理，使广大群众能够抬头见山，低头见水，人在画中，记得住乡愁。安吉的实践表明，美丽乡村建设不能一味追求统一，不需要大拆大建，要因地制宜，因村制宜，要还原乡

村的风貌、乡村的环境、乡村的特色，要把每一个村庄建设成为人们的精神家园和生活乐土。

（四）坚持一切以人民为中心，夯实广大群众的民生福祉

生态文明建设涉及广大群众的切身利益，因此必须坚持一切以人民为中心的发展理念，充分发挥民众的主体作用，让广大民众共享绿色发展成果。安吉一方面持续保护绿水青山，为广大群众提供优良人居环境。多年来安吉深入开展“五水共治”“垃圾不落地”等行动，有序推进污水处理、生态河道建设，成效十分显著；另一方面，加大投入修缮公共服务区，为广大村民日常生活提供便利。全县修建了一大批文化礼堂、数字电影院、绿道、游憩乐园等公共文化场所，为广大村民日常文化休闲活动提供了场所，满足村民们美好生活的需要。此外，安吉还不断完善农村社会保障体系，普及农村合作医疗和养老保险，加大对困难家庭、弱势群体的关爱，增强群众获得感，提升幸福指数。安吉的实践表明，只有着力解决人民群众最关心、最直接、最现实的利益问题，才能持续深入推进生态文明建设。

（五）坚持“一张蓝图绘到底”，一任接着一任干

从“生态立县”到持续开展美丽乡村建设，再到党的十八大以后深入践行“两山”理念着力推进生态文明建设，安吉历届县委、县政府以超前的生态意识、科学的发展理念，理性克服了以 GDP 论英雄的政绩诱惑，一张蓝图绘到底，做到换届换人不换发展道路，始终坚持“生态立县”战略，把生态放在首要的突出的位置——每年的人代会都有一项有关生态建设的决议出台；所有引进项目都严格执行一条高压线：污染项目不进来，进来项目不污染；决不搞富资源穷开发、大资源小开发、整体资源零星开发……在生态环境广受赞誉的同时，安吉的经济增长同样令人羡慕。2020 年，安吉县财政收入首次突破 100 亿元，是 2012 年的近 5 倍，这反映了八年来安吉县域经济综合实力的显著提升。安吉以生态产业化与产业生态化为原则，大力发展生态农业、生态工业、生态旅游等各种业态的美丽经

济，造就了显著的后发优势和强劲的可持续发展后劲。总之，“生态立县”的胸怀、智慧和远见已经深植在安吉这片热土，这一场绿色的接力，将越走越清晰、越走越宽广、越走越精彩。

作者简介

袁涌波，中共浙江省委党校（浙江行政学院）经济学教研部教授。

创新绿道经济模式
彰显生态资源价值

——建设践行新发展理念的公园城市示范区

2018年2月，习近平总书记视察成都天府新区时，首次提出“公园城市”理念，并作出“要突出公园城市特点，把生态价值考虑进去”的重要指示。公园城市理念根植于博大精深的习近平生态文明思想，蕴藏着习近平总书记赋予当代中国和世界生态文明建设的自然辩证法，为新时代城市可持续发展提供了方向指引和根本遵循。从历史维度看，习近平总书记深刻总结生态环境变化影响文明兴衰更替的历史经验教训，鲜明提出“生态兴则文明兴、生态衰则文明衰”的绿色文明思想，以及“人因自然而生，人与自然是一种共生关系”的共同体理念，为塑造公园城市大美形态提供了生态立市的新理念。从生态维度看，习近平总书记辩证把握生态文明建设与经济高质量发展内在统一关系，鲜明提出“两山论”的科学论断，系统阐明了生态环境与生产力发展之间相互支撑、相互转化的内在逻辑，为实现公园城市高质量发展提供了新动能。从民生维度看，习近平总书记顺应和尊重人民群众对改善生态环境质量的热切期盼，深刻指出“良好生态环境是最普惠的民生福祉”“用最严格的制度最严密的法治保护生态环境”，为创造公园城市美好生活提供了科学治理新指引。

2020年1月，中央财经委员会第六次会议作出建设成渝地区双城经济圈的重大战略部署，明确支持成都建设践行新发展理念的公园城市示范区。从首先提出“公园城市”理念，到支持建设“践行新发展理念的公园城市示范区”，寄托了习近平总书记对成都践行新发展理念、建设公园城市系列实践的充分肯定和深化探索生态文明思想城市表达的殷切期许。成都市委、市政府牢记习近平总书记的嘱托，坚持把习近平生态文明思想作为规划建设美丽宜居公园城市的逻辑起点，贯彻落实习近平总书记“突出公园城市特点，把生态价值考虑进去”的重大要求，聚焦公园城市建设，把天府绿道作为生态优先、绿色发展的引领性工程，以“绿道+”模式推动“绿水青山”变为“金山银山”，积极探索“以道营城、以道兴业、以道怡人”的生态价值转化新路径。

一、背景情况

成都地处中国西南地区、四川盆地西部、成都平原腹地，境内地势平坦、河网纵横、物产丰富，自古有“天府之国”的美誉。成都外揽山水之幽、内得人文之胜，千百年来积淀而成、别样多彩的生活特质，为其赢得了公园城市建设的战略机遇。跨越千年的筑城历史书写了2300余年城名未改、城址未迁的城市发展传奇；岷江水润、茂林修竹、美田弥望的自然本底勾勒出一幅永不褪色的蜀川胜概图；悠长厚重的历史文脉书写出丰富多彩、独具魅力的天府文化；天府之国的物阜民丰孕育着爱生活、乐生活、会生活的烟火生气。总的来说，“绿色生态”是成都最亮丽的底色，“巴适安逸”是成都最鲜明的符号，“时尚宜居”是对未来之城最美好的期待。依托上述先天优势，天府绿道绿色网络体系正逐步成型，向全世界展现成都现代公园城市的独特魅力和亮丽风采。

天府绿道全域规划1.69万公里，由区域级、城区级和社区级三级绿道体系组成。区域级绿道是天府绿道的主干，由“一轴两山三环七带”组成：其中，“一轴”指沿锦江从都江堰市天府源湿地至双流区黄龙溪古镇形成的锦江绿道，总长度约200公里；“两山”指依托龙泉山、龙门山的景观资源道路，分别形成的龙泉山绿道、龙门山绿道，总长度分别为200公里、350 公里；“三环”指沿三环路、绕城高速（G4202）、第二绕城高速（G4203）两侧，分别形成的熊猫绿道、锦城绿道、田园绿道，总长度分别为 100 公里、200 公里、300 公里；“七带”包括沿走马河、江安河、金马河、杨柳河、东风渠、沱江河、毗河等主要河流形成的滨河绿道，总长度约 570 公里。城区级绿道是与区域级绿道相衔接，在城市各组团内部成网与城市慢行系统紧密结合，并与城市道路硬质隔离的支线绿道。社区级绿道是与城区级绿道相衔接，连接社区公园、小游园和街头绿地，同时通过标识、铺装、照明等示意隔离的，主要为附近社区居民服务的支线绿道。

天府绿道体系将公园形态和城市空间有机融合，以大尺度生态廊道区隔城市组群，以高标准生态绿道串联城市公园，科学布局休闲游憩和绿色开敞空间，推动公共空间与城市环境相融合、休闲体验与审美感知相统一，在生态建设、环境保护、形态优化、产业发展、破解城市拥堵等方面具有纲举目张的重大牵引意义。

二、基本做法

（一）主要问题

2018 年，成都全市共投入绿道建设资金 162.8 亿元，其中政府投资占比高达 55.3%，面临着较大的政府财政性资金投入压力。因此，成都市委、市政府意识到必须创新发展绿道经济，变绿道为“财道”，以绿道运营收入补充生态投入和管理维护资金，才能推动天府绿道这一城市驱动性工程、最普惠的民生工程可持续发展。但是，受到消费场景植入、经营理念和方式转变、要素供给保障等因素影响，天府绿道经济发展模式和生态价值转化路径的创新还有较大的提升进步空间。

（1）经营空间不足，影响商业开发力度。天府绿道体系规划用地大多数为生态用地，仅有 3% ～ 5% 的配套设施用地，且地块规模较小而分散，影响了后期商业化开发和产业化运营。锦城绿道受《环城生态区保护条例》中“生态用地规模不减少”的规定影响，存在土地实际用途与控规性质不符的风险；熊猫绿道规划的57个二级服务站和配套停车场用地性质为绿地，无法办理产权进而影响资产租赁和后续经营。

（2）在建资产租赁政策空白，影响招商。《成都市人民政府办公厅关于规范成都市市属国有企业资产出租管理的意见》（成办发〔2015〕36号）只针对市属国有企业既有资产租赁作了相应规范，而对在建资产尚无明确招商路径，导致在建资产无法按既有资产租赁规定实施公开招标，招商工作进度缓慢，停留在推介洽谈阶段，已谈项目无法签约落地。

（3）共享机制不够健全，影响社会参与。社会投资不足是影响绿道建设可持续发展的重要因素。目前，尚未对社会企业投资绿道的利益分配方式、投资回报率、成本回收周期等问题进行专门制度安排，对市场主体的广泛动员不足，社会企业对绿道经济发展缺乏系统性认知。

（4）整体功能单一，影响商业价值转化。天府绿道的整体功能较为单一，大多只具备基本骑行、绿化景观、零星消费等功能，生活服务、消费娱乐等功能不健全，农商文旅体融合发展不充分，不能满足游客吃住行游购娱等方面的需要。部分绿道存在碎片化、孤岛化问题，没有和周边区域串联成网，综合效益没有得到很好发挥。同时，绿道与周边产业功能区、农业园区互动性不足，推动产业发展的功能价值没有显现。

（5）创意设计不够，影响品牌效应扩散。绿道建设运营相关单位缺乏专业化创意设计人员，创新性构建绿道生活场景和消费场景的能力还有差距，缺乏引爆性的创意设计经典之作。绿道景观和业态同质化现象较为突出，因地制宜进行艺术化塑造、差异化打造、特色化营销、产业化植入不够，对人流商流的吸附力不强，商业化运作成效不明显。

（二）决策过程

（1）天府绿道1.0阶段：环城生态区的延伸拓展。为避免城市连绵发展、环境恶化等“大城市病”，2012年成都市在第一绕城高速（四环路）设定环城生态区，作为中心城区的生态屏障和功能区隔。天府绿道规划建设之初，基于环城生态区建设的延续和拓展，通过绿道将碎片、隔离、零散的生态斑块整合提升，在城市功能区和生态绿地基础上出现间断性绿道。

（2）天府绿道2.0阶段："两化两可"的绿色开放空间。成都市第十三次党代会提出以"景观化、景区化、可进入、可参与"理念建设城市绿化体系，更加强调绿道区域的统一性、同一性和面向公众的开放性、参与性，这意味着绿道的规划建设从单纯的生态环境建设保护角度转向外向型、多元化发展。2017年5月"天府绿道"概念正式提出，规划"一轴两山三环七带"的绿道框架体系，成立了专业绿道建设公司负责运营。全市上下大力推进天府绿道，三级绿道体系加快串联成网。

（3）天府绿道3.0阶段：多维价值叠加的功能体系。面对天府绿道建设中出现的转化方式不够多、经济体量不够大、质量不够高等问题，成都市委作出"依托绿道创造生活消费场景，发展绿道经济"的重要指示，要求通过创新绿道经济模式，彰显绿道经济价值，推动绿道民生工程可持续发展。为此，市委、市政府在"不忘初心、牢记使命"主题教育活动期间，组织了"坚定践行习近平生态文明思想，加快建设公园城市努力创造美好生活"研究专题班，由市相关部门分别牵头开展了7个专项子课题研究，对习近平总书记关于社会主义生态文明建设的重要论述、美丽宜居公园城市的理论内涵、国内外城市生态价值转化的经验做法、公园城市价值转化存在的瓶颈问题、成都"东进"区域公园城市示范建设的可行路径等专题进行了深入研究，实地调研了东部新区、龙泉山城市森林公园等重点区域以及相关重点项目，召开了不同领域不同层级的专家咨询座谈会，书面咨询了中国宏观经济研究院、城市发展研究院等智库的意见建议，组织开展了多次专题会议讨论研究。这些研究成果都被《成都天府绿道规划方案》《成都市天府绿道保护条例》《成都市人民政府关于推进竹产业高质量发展建设公园城市美丽竹林风景线的实施意见》等系列与绿道建设相关的政策文件所吸收采纳。天府绿道建设更加强调要构建市场导向、商业逻辑的运营模式，强调要通过植入生活场景发展绿道经济，强调要推动农商文旅体深度融合实现价值转化，强调要构建形成自我造血和生长的绿色体系。

（三）解决方案

（1）以市场手段商业逻辑组建合作运营共同体。坚持政府主导、市场主体、商业化逻辑，建立健全绿道共建共享的机制安排，组建多方协同合作的绿道经济管理主体。一是创新“国有平台公司 +”模式。以设施租赁、联合运营、资源参股等多种方式，广泛引入具有优势资源和渠道的专业机构，与国有平台公司共同开展场景营造、业态植入、管理运营和维护提升。二是探索市场主体全程运营模式。大力推广新都“沸腾小镇”建设模式，包装推出一系列具有吸引力的绿道运营项目，从绿道规划、建设初期就引入专业性市场力量，全过程负责区段绿道建设运营和维护管理。三是强化集体经济引领模式。支持集体经济组织和农户采取产权入股、租赁、托管等方式参与乡村绿道建设，促进资源变资产、资金变股金、村民变股东。四是深化市民公众参与模式。采用区段绿道命名权、认养认管花草树木、资金捐助、志愿服务乃至绿道债券等多种方式，充分调动市民群众参与天府绿道建设的积极性。

（2）以合理业态选择打通三级绿道营收渠道。一是区域级绿道重在打造文商旅体综合消费圈。按照“长藤结瓜”式发展模式，统筹布局四级驿站服务体系，推动经济要素加速集聚、消费场景广泛辐射，实现“一线贯穿、满盘皆活”。锦江绿道城区部分要充分发挥中心城区人口集聚和消费潜力优势，因地制宜构建夜间经济等消费应用新场景，创新“夜游锦江”等消费品牌；郊区部分要因地制宜，统筹开发都江堰精华灌区等旅游资源，规划建设一批富有特色的田园综合体。锦城绿道要重点对接成都市中心城区市民短期出行、旅游、休闲、消费需求，大力发展特色餐饮、生态游憩、商业增值和文化创意业态。熊猫绿道要用好用足“熊猫文化”品牌，探索植入“活体熊猫”、汽车服务、交通枢纽等为标志的文旅场景，打造具有熊猫文化标签的特殊 IP。二是城区级绿道要注重发展特色鲜明的产业形态。结合各城区本土文化特色元素和商业资源，创新植入文化景观、文创街区、游艺表演等文化消费场景，完善适应绿道辐射需求的服务内容，将绿道人流引向附着的商业载体，打造区域性消费中心新模式。三是社区级绿道要注重植入创构生活服务场景。统筹布局新零售无人超市、综合自助站、小新书屋等新开放型公共设施，推进无人经济、共享经济与社区商业服务融合发展。有机连接社区综合体、公园、微绿地等，推动形成与商贸服务深入结合的绿道闭环。

（3）以项目梯次实施塑造绿道经济品牌。天府绿道经济如何成势，关键在于持续不断滚动引爆示范性项目、开展高密度活动，持续探索运营经验、增强社会投资信心、塑造天府绿道品牌。一是强化示范项目引领。遵循绿道级别、开发模式、经营主体三个维度梯次确定一批绿道经济示范项目，对各类示范项目开展供地进度、资源配置、经济价值、社会效应等评估和专项支持，推动形成项目示范引领、持续生长的良好局面。二是强化赛事展会活动催化。依托天府绿道体系的优势资源和理念，以高密度、持续性文体赛事和展会活动吸引集聚消费人流，形成功能复合的打卡之地、网红之地、人流会聚之地。三是强化“天府绿道”模式输出。依托市交投、兴城、文旅集团等平台公司，主动承接其他区域绿道建设工作，打造具有鲜明比较优势的绿道整体解决方案供应商。

（4）以要素供给创新确保永续开发运营。一是聚焦土地供给拓展经营空间。通过置换调整存量建设用地指标、公共服务配套指标和公园绿地配套设施指标，将土地指标相对集中在四级服务站，灵活采用设置临时性设施和临时性区域等方式，解决商业开发用地需要。以天府绿道为绿色脉络，串联和连接特色镇、商业地产等土地资源集中区域，形成与天府绿道融合一体的共同体。二是聚焦政策创新引导绿色经济。统筹“一轴三环七片”天府绿道业态发展方向，错位布局产业发展门类，避免同质化竞争和“一窝蜂”现象。制定高效灵活创新招商政策，解决各区县、各绿道项目招商政策不一、合资合作程序性问题。探索广告设置方式，开拓绿道运营收入渠道。三是聚焦标准体系输出成都模式。依托公园城市研究院等专业机构，率先制定绿道经济标准体系，重点在预留农商文旅体业态接口、防止过度设计、降低绿道建设成本、强化多元主体参与、创新消费场景构筑等方面创新突破，真正把绿道经济打造为成都亮丽的城市名片。

（四）实施过程

（1）统筹实施“绿道 + 生态涵养”，厚植青山绿水的生态价值。没有“绿水青山”就没有“金山银山”。只有尊重自然、顺应自然、保护自然，才能优化生态产品供给，夯实生态价值转化基础。一是突出保育生态资源“存量”。制定天府绿道规划建设系列导则，梳理 1.15 万平方公里生态基地，设置三级共 73 条生态廊道，实行重要生态绿隔区内用地减量政策；出台《公园城市建设条例》、《环城生态区保护条例》，以法律规章严守生态红线。二是突出提升生态资源“质量”。紧贴城市人文特点和资源禀赋增绿筑景，推动绿道串联生态区 55 个、绿带 155 个、公园 139 个、小游园 323 个、微绿地 380 个，增加开敞空间 752 万平方米，蓝绿交织、水城共荣的城市生态布局加快形成。

（2）创新实施“绿道 + 场景营造”，拓展绿色发展的经济价值。坚持以“产业生态化、生态产业化”挖掘绿道经济价值，着力实现优质生态和高端产业双提升。一是以场景植入打造绿道经济新业态。按照“景观化、景区化、可进入、可参与”理念，在绿道有机植入创新文化、前沿科技和商业模式等新经济特色因子，“绿道 + 夜市”的夜游锦江接待游客达 1.5 万人次，“绿道 + 美食”的沸腾小镇年营业收入近 1000 万元。绿道已成为引领消费时尚、转变发展方式的“产业道”“经济道”。二是以功能集成促进农商文旅体融合。依托绿道体系布局培育乡村旅游、创意农业、体育健身、文化展示等特色产业，植入文旅体设施 2525 个，其中，文化设施 641 个，旅游设施 580 个，体育设施 1223 个，科技展示应用设施 81 个。三是以品牌营销放大增值效应。围绕打造天府绿道文旅 IP，深化“市场需求 + 精准营销”方式，统一品牌运营、推出精品旅游线路，培育形成夜游锦江、江家艺苑等绿道场景品牌68个。

（3）融合实施“绿道+公共服务”，提升美丽宜居的生活价值。围绕满足市民对美好生活的需要，坚持“设施嵌入、功能融入”理念，以绿道为平台完善公共服务体系。一是优化服务供给，提升绿色服务感知度。结合骨干绿道和重点公园等公共空间，统筹布局11类重大公共服务设施，加快构建15分钟基本公共服务圈。二是完善慢行服务，提升绿道系统可达性。有机融合绿道与公共交通、消费商圈、生活社区，全面推行开放式街区，加快建设1000条“上班的路”“回家的路”。三是丰富公共活动，实现引流聚势可参与。以绿道开敞空间为载体，开展各类文体活动1000余次，约1500万人次参与，简约健康的生活方式蔚然成风。

（4）系统实施“绿道+制度创新”，彰显引领转型的社会价值。坚持“政府主导、市场主体、商业化逻辑”原则，探索共建共享、协同高效的绿道建设管理体系，以制度创新引领城市发展之变、治理之变。一是创新“一体设计+整体运行”的运营管理机制。绿道规划建设初期预留运营管理的空间和接口，保证各个环节无缝衔接；建立“边建边招”的资产出租新机制，满足项目运营个性需求和周期需要，提升价值转化的综合效益。二是创新“主体多元+市场主导”的投融资机制。把绿道建设与旧城改造、水体治理等工程有机整合，推动项目建设集约化和高效化；制定出台利益分配、证照办理、租金让利等普惠性政策，鼓励支持市场主体参与绿道建设运营。三是创新“存量活化+弹性预留”的土地利用机制。通过置换调整存量建设用地指标，实现零星分散的地块集中使用；统筹其他建设用地节余指标，定向保障绿道产业发展和商业开发的适度规模；在政策允许范围内弹性划定临时性区域和植入临时性设施，从事特定经营性活动，实现土地效益最大化。

三、案例点评（经验与启示）

推动天府绿道经济价值实现，关键是要深入研究公园城市建设的形态、路径和目标，以市场为导向，系统构建一个涵盖运营主体、商业模式、实施方式和要素保障的工作闭环，促成以绿道体系为中心、农商文旅体融合发展的经济生态，实现绿道可持续发展。主要借鉴意义包括以下几方面。

（1）坚持“景观化、景区化、可进入、可参与”的规划理念。以公园城市理念正确把握“人与自然”“城与自然”“人与城”之间的辩证关系，突破“就城论城”的思维定式、“就绿植绿”的物本主义和“就人说人”的孤立逻辑，让城市之美可阅读、可感知、可欣赏、可参与、可消费。“景观化”诠释城市基底的设计感，例如通过完成100个天府绿道节点公园概念设计方案的全球征集来刷新城市“颜值”；“景区化”彰显生态建设的功能性，例如塑造“游天府绿道·赏川西林盘”等旅游标识提升生态生活的优质性；“可进入”标定绿色福祉的普惠性，例如推动绿色空间与城市交通相接驳、与消费商圈相联结、与生活社区相融合，打造形成“夜游锦江”“沸腾小镇”“天府芙蓉园”等消费品牌，满足市民高品质消费需求；“可参与”强调建设发展的开放性，创新引入相关领域最优质的国际化战略合作团队，将绿道体系和市民生活联结起来，推动城市发展的价值升华。

（2）坚持“政府主导、市场主体、商业化逻辑”的建设模式。彻底摈弃以投资和要素投入为主导的老路，坚持以政府主导、市场主体、商业化逻辑推动生态价值转化。坚持政府主导，成立天府绿道建设领导小组等专项机构，集成运用国家政策扶持，明确建设资金由周边土地升值部分兜底，确保绿道项目建设有序推进。坚持市场主体，组建成都天府绿道建设投资集团，同时以设施租赁、联合运营、资源参股等多种方式，引导社会资本全面参与。部分绿道建设项目吸引社会资本投资比重达80%以上。

坚持商业化逻辑，创新企业自主经营、国有资产租赁和COT多元复合经营等合作共营模式，实现长效运营维护管理和企业投资收益的双赢。

（3）坚持“场景创构、多维交互、营建统筹”的运营路径。建立健全以产业生态化和生态产业化为主体的生态经济体系是打通生态价值转化通道的内生动力。坚持深化场景创构，在绿道体系中大力植入体验消费、个性消费等新消费业态，大力推动“绿道+新消费”模式，将天府绿道打造成为高品质生活服务和消费场景。坚持多维交互，在绿道体系中大力植入农商文旅体科教设施、为生态体验、乡村旅游、创意农业、体育建设、文化展示、自然研学等特色产业发展提供空间载体，加快构建高质量发展的六次产业化发展新格局。坚持营建统筹，科学统筹后期营运与前期建设，以生态价值多元转化保障生态建设投入的可持续性，探索形成了两个平衡机制：前期生态投入资金，通过划定生态建设成本提取控制区域，将土地增值部分收益定向用于生态项目建设，形成土地增值与生态投入良性互动机制；后期管理维护资金，通过引入市场主体开展商业开发，以商业收益反哺运营维护费用机制，为可持续的生态绿色投入提供保障。

作者简介

李好，中共成都市委党校（成都行政学院）公共管理教研部主任。

为“两山”转化插上“双鸟”的翅膀

——威海市华夏集团积极探索生态修复绿色发展新路子

2004年底，在浙江省经济工作会议上，时任省委书记的习近平同志明确指出，“要破解浙江发展瓶颈，必须切实转变经济发展方式”，实施“腾笼换鸟”——“天育物有时，地生财有限，而人之欲无极”“只有凤凰涅槃，才能浴火重生”。

2005年8月15日，时任浙江省委书记的习近平同志在余村调研时指出，“一定不要再去想走老路，还是要迷恋着过去那种发展模式。所以刚才你们讲了下决心停掉一些矿山，这个都是高明之举，绿水青山就是金山银山。我们过去讲既要绿水青山，又要金山银山，实际上绿水青山就是金山银山，本身，它有含金量”。

2013年4月25日，习近平总书记在十八届中央政治局常委会会议上关于第一季度经济形势的讲话中强调，“如果仍是粗放发展，即使实现了国内生产总值翻一番的目标，那污染又会是一种什么情况？届时资源环境恐怕完全承载不了。想一想，在现有基础上不转变经济发展方式实现经济总量增加一倍，产能继续过剩，那将是一种什么样的生态环境？经济上去了，老百姓的幸福感大打折扣，甚至强烈的不满情绪上来了，那是什么形势？所以，我们不能把加强生态文明建设、加强生态环境保护、提倡绿色低碳生活方式等仅仅作为经济问题。这里面有很大的政治问题”。

2005年8月15日，时任浙江省委书记的习近平同志到余村考察，在听到村里要关掉采石矿的决策时，提出了著名的“两山”理论。很多人不知道的是，此时，在遥远的北方威海，也面临着龙山区域采石矿关停和山体修复的难题。威海的“两山”道路，又是怎么走的呢？

一、背景情况

位于威海湾西南角、里口山脉南端的龙山区域，在改革开放初期是威海建筑石材的集中开采区。那时候，威海市区建成区的面积只有13平方公里，龙山区域距离市建成区有10多公里远，考虑到这个地方盛产石材又离市区不远且便于运输，而修路、架桥、造房等城市建设和围填海等产业工程对石材的需求量又很大，因此市里批准了龙山区域的石材开采规划。这样一来，各类石材开采商纷纷入驻龙山区域，最多的时候容纳了26家企业44个采石场，开采密度强度极大。

经过30多年的开采，整个龙山区域为威海城市建设和产业发展贡献了大量石材，威海市区建成区面积由1978年的13平方公里扩大到2000年的40多平方公里；威海湾与威海城的关系，则从原来的威海湾边一角伫立着威海城变成了威海城边一角伫立着威海湾，整个威海湾成为威海市的内湾区，其中的龙山区域也被吸纳进中心城区，成为威海市区的一部分。

龙山石材为威海发展作出了卓越贡献，但石材开采也必然造成巨大的山体破坏。到21世纪初，龙山区域的丘陵山地已是千疮百孔，直径达60～100米的巨大矿坑就有44个，采石场平均高度60～80米，最高的达107多米，坡面长度最长达350米、高度达150米；坡度都是达到35度至55度的峭坡，其中很多是超过55度至90度的垂直壁；矿坑造成的山体破坏面积达3767亩，龙山6036亩山林百不存一，区域内原有的小河、山溪几乎全部断流。整个龙山山体可谓伤痕累累——从刘公岛自西而南望，可见身披绿装的里口山脉，蜿蜒南行到龙山时，出现了一个个裸露的岩壁，就像人身上长了难看的疥疮一样；而置身龙山其中，绿水青山不再，鸟鸣蛙声几近绝迹。躯体受损严重的龙山，区域自然生态系统深度退化，粉尘和噪声污染、水土流失等环境问题日益突出，地裂沉陷、塌方滚石等地质灾害也时有发生，昔日的绿水青山退化成了恶水穷山。

“这里是最适合人类居住的地方”，这个威海最早的城市品牌，在龙山区域遇到了严峻挑战。“位于新城区龙山上的44个大坑，就像44张嘲讽的大嘴，让威海无地自容”，当时的市领导如是说。龙山环境问题，不仅严重影响了周边村民的正常生产生活，而且严重影响了威海的城市形象，已经到了非治不可的时候。但经初步测算，这一区域的生态修复与治理，最短需要持续10年，才可能形成比较稳定的次生生态圈；而修复治理加上村民安置的费用，保守估计也不下百亿元。这对于当时地方财政收入仅有20多亿的威海来说，看似是一个不可能完成的任务！而根据测量，如果不靠人工干预、仅靠自然恢复，在破岩上生成初级土壤和植被，则至少需要300年！龙山修复与治理，成为市委、市政府的一大心病，像一块沉甸甸的石头压得大家喘不过气来。

是逃避，还是迎难而上?

二、基本做法

“要把不可能变成可能，就必须想别人所不敢想、做别人所不敢做”，威海市和环翠区两级党委、政府深入研究认为，“只有本着谁治理、谁受益的原则，政府出政策、企业出资金双管齐下，把政府与市场的力量紧密结合起来发生化学反应，才能产生‘1+1>2’的作用，解决好龙山修复和绿色发展难题”。

（一）调整规划推进“腾笼换鸟”

2003年的威海，正掀起破除满小旧怕的思想障碍和认识误区、向江浙地区学习的热潮，市委、市政府确立了“生态威海”发展战略，果断关停了龙山区域的石材开采业，把这一区域调整规划为文旅服务区和生活服务区，承担类似于威海“城市之肺”的城市公园主体功能。但由于缺钱等原因，规划迟迟得不到落实。2004年，时任浙江省委书记的习近平同志多次阐释的“腾笼换鸟”“凤凰涅槃”的“两只鸟”的理论，给了威海人以极大的思想启迪，成为拔掉龙山采石场这根刺儿的根本方法论。其基本思路是，引用市场机制，按照“谁投资、谁受益”原则，明确“政府引导、企业参与、多资本融合”的龙山开发模式，政府出政策合并规划功能，把山体修复的公共投资与文旅生活服务的产业投资捆绑起来，用最大限度的产业投资优惠换取山体修复的企业巨额投资。这一决策和政策很快见效。2005年初，全国人大代表威海市华夏集团董事长夏春亭给当时的市委书记崔曰臣写了一封信，主动请缨一揽子承接这个长期生态修复和文旅投资项目，探索生态修复、产业发展与生态产品价值实现“一体规划、一体实施、一体见效”。崔书记批示常务副市长与华夏集团对接，推进龙山石矿注销和石场修复。正是在2005年，与余村关掉采石矿一样，威海龙山26个采石场的回收和44个矿坑的修复工作正式启动。

（二）明晰产权畅通融资渠道

威海市华夏集团作为区域修复治理和文旅产业发展主体，在政府的支持下，首先完成了土地等自然资源确权。2003年，华夏集团首期投入2400余万元取得了中心矿区的经营权并完成了采矿企业的搬迁补偿和地上附着物补助等，同时租赁了周边村集体荒山荒地2586亩，明确了拟修复区域的自然资源产权。其后，又通过市场公开竞标方式取得了区域内223亩国有建设用地使用权，其中150亩用于建设海洋馆、展馆等景区设施，73亩用于建设与景区配套的酒店，为后续生态管护和景区开发奠定了基础。其后，华夏集团开始了持续10多年的长期投资，累计已达51.6亿元。其中，以自然资源产权为抵押，向银行贷款13亿元；争取政策支持，由政府投入或减免应缴资金5.35亿元；其余33.25亿元投资，全部来自华夏集团经营塔机的收入。用夏春亭的话说，“当时我想，修个山能花多少钱，后来修着修着投入就越来越多，我把原来卖塔机挣的钱投进去了，还贷了款”。

（三）生态修复还原绿水青山

华夏集团根据山体受损情况，以达到最佳生态恢复效果为原则，抓住“埋、洞、坝、树”这四个关键字，分类开展受损山体综合治理和矿坑生态修复。所谓埋，就是针对威海市降水较少、矿坑断面高等实际情况，采用难度大、成本高的“拉土回填”方式填埋矿坑、修复受损山体，最大限度减少发生地质灾害的风险，恢复自然生态原貌；所谓洞，就是通过修建隧道、改善交通，针对部分山体被双面开采，山体破损极其严重、难以修复的情况，经充分论证后，规划建设隧道，隧道上方覆土绿化、恢复植被；所谓坝，就是通过拦堤筑坝、储蓄水源，对于开采最为严重的矿坑，采用黄泥包底的原始工艺修筑塘坝，经天然蓄水、自然渗漏后形成水系，为景区内部分景点和植被灌溉提供了水源，改善了局部生态环境；所谓树，就是通过栽植树木、恢复生态，在填土治理矿坑的同时进行绿化，因地制宜地栽植雪松、黑松、刺槐、柳树等各类树木 200 余种，恢复绿水青山、四季有绿的生态原貌。

在整个项目生态治理期间，华夏集团动用了 130 多辆工程车，共运输土方 5692.67 万立方米，等于半个三峡水库的工程量，修复大矿坑 44 个，建造大小水库塘坝 35 个，取平一座 800 多米约 1530 万立方米的山岭，栽种各类绿化树木 1127 万株，建设了总长度达 405 米的隧道 4 条……把恶水穷山变回了绿水青山。

（四）绿水青山转化金山银山

为了解决绿水青山恢复后长期维护的问题，华夏集团积极探索生态产品价值实现模式，将生态修复治理与文化旅游产业相结合，依托修复后的自然生态系统和地形地势，成功打造总面积 16.28 平方公里华夏山海城综合景区，探索将绿水青山转化金山银山。华夏山海城景区，集文化演艺、旅游景区、海洋公园、主题小镇、主题乐园、主题度假酒店等旅游产品的投资、开发、托管与运营于一身，拥有不同形态的文化旅游产品：依托长

210 米、宽 171 米的矿坑，首创拥有 47 项演艺机械专利技术的“会跑的实景演艺”——360 度旋转行走式的室外演艺《神游传奇》，集中展现华夏 5000 多年文明和民族精神，实现自然景观与人文景观的紧密结合，是世界演艺史上的一次颠覆性革命；在矿坑上蓄水打造音乐喷泉广场，利用陡坡做滑草、滑水项目，在原矿坑遗址上建设矿坑小寨等；依据山势建设了 1.6 万平方米的生态文明展馆，采用“新奇特”技术手段，将观展与体验相结合，集中展现华夏城的生态修复过程和成效，让游客身临其境，亲身感受“绿水青山就是金山银山”的理念。

（五）跨二进三实现“凤凰涅槃”

如果说威海龙山区域从石材开采业发展为文旅服务业是“腾笼换鸟”，那么华夏集团自身从塔机制造这一传统产业发展为兼业文旅服务这一新兴产业的跨二进三，就是开辟新天地的“凤凰涅槃”。作为国内建筑塔机的龙头企业，华夏集团自主研发拥有 8 项技术专利的液压自升塔机、平头塔机等，共 3 大类、10 多个系列、50 余种，具有世界先进水平，“华夏塔机顶天立地”的品牌海内外耳熟能详。但是，华夏集团并未就此止步，而是浴火重生，敢于挑战自我，跨步进入生态修复绿色产业。现在，这只生于威海的金凤凰，正在通过品牌、设计、技术、管理、投资等资本输出方式走向全国：华夏集团文旅公司下设威海、北京、厦门、西安、南京五个子公司，已经打造成功以“闽南传奇”为核心业态的 4A 级景区“厦门老院子”和以大型室内实景演艺《驼铃传奇》为核心业态的“华夏文旅西安度假区”，拟在成都打造的《蜀道传奇》、在南京打造的《金陵传奇》实景演艺项目正在策划中。这些华夏集团文旅品牌输出的代表作品，在当地都已经产生巨大的经济效益和社会效益，威海的金山银山正在走向祖国的大好河山。

华夏集团为“两山”转化插上“双鸟”的翅膀的有益探索，使龙山区域从恶水穷山到绿水青山，再从绿水青山到金山银山，2000 多名华夏儿女在集团党组织领导下，创造了“绿水青山就是金山银山”的人间奇迹，成为习近平生态文明思想特别是“两山”理念的全国先行者、优秀践行者。这个人间奇迹体现在多个方面，但最重要的是以下三点。

一是绿水青山的生态奇迹，增加了生态产品供给。威海龙山区域6000多亩山峦全部披绿，森林覆盖率90%以上。这些植被包括2000多名华夏职工15年来植树1200万株，人均5000棵，日人均1棵。我们知道，到2019年底，威海龙山区域的森林覆盖率已经从16年前的56%提高到95%、植被覆盖率由65%提高到97%，已经从伤痕累累的采石场变成了城市天然氧吧；修筑水库塘坝所形成的纵横交错、错落有致的山塘水系，也彻底改变了原来矿山的水土流失状况，成为景区的源头活水。龙山区域空气极其清新，我们家里和办公室每立方厘米空间含负氧离子50～100个，世界卫生组织的清新空气标准是1000个，而据测量，华夏山海城景区负氧离子含量为每立方厘米10000个以上，是我们室内含量的100～200倍，是世界卫生组织清新空气标准含量的10多倍，这里是威海城区空气质量最高的地方，是名副其实的绿水青山。目前，龙山区域吸引了白鹭、野鸭、野鸡等几十种野生鸟类和鹿、野兔等十几种野生动物觅食栖息。成功地将矿坑废墟建设成为山清水秀、生态良好、风光旖旎的景区，恢复了区域自然生态系统，为周边15万居民和威海市民提供了可持续的高质量生态产品。

二是金山银山的经济奇迹，打通了生态价值实现路径。华夏集团通过“生态+文旅产业”的模式，让生态产品的价值得到充分显现。自2010年，华夏城景区边治理边开放，到2019年共接待游客2000万人次，年收入2亿多元，近5年累计纳税1.16亿元，解决了2000多人就业。国家5A级景区华夏山海城，是日进斗金的无烟产业。随着生态环境的显著改善和华夏城景区的建成开放，带动了周边区域的土地增值，其中住宅用地的市场交易价格从2011年最低的58万元/亩增长到2019年的494万元/亩，实现了生态产品价值的外溢。

生态旅游产业的发展带动了周边地区人员的充分就业和景区配套服务

产业的繁荣，华夏城景区共吸纳周边居民 1000 余人就业，人均年收入约 4 万元；带动了周边区域酒店、餐饮和零售业等服务业的快速发展，新增酒店客房 4100 多间，新增餐饮等店铺 2000 多家，吸纳周边居民创业就业 1 万余人，周边 13 个村的村集体经济收入年均增长率达到了 14.8%，创造了生产、生活、生态“三生共融”的综合效益。

三是稳如泰山的社会奇迹，造福了父老乡亲。华夏生态发展，改善了周边 15 万居民的生活环境，带动了就业创业，近 5 年来周边 13 个村集体收入年均增长 14.8%。在政府主导下，华夏集团还对华夏城景区周边 5 个村实施了旧村改造，让 1200 余户村民都住进了楼房，过上了城里人的生活，社区井井有条、和谐安定。

2020 年，华夏集团总资产已达 150 多亿，累计纳税 40 多亿元。华夏集团实景演艺荣获世界文旅界奥斯卡——TEA 杰出成就奖、中国旅游产业杰出贡献奖——飞马奖、中国旅游演艺独角兽、中国文化旅游特色演艺第一秀、中国旅游演艺机构十强、中国旅游演出剧目票房十强等荣誉，获得中国生态环保第一城、中国矿坑修复示范单位、山东省文化产业示范园区。

三、案例点评（经验与启示）

威海市和华夏集团生态修复、绿色发展的实践，深刻反映了转变发展方式之痛、新旧动能转换之难，深刻反映了党全面领导的深化改革是攻坚克难的一大法宝。绿水青山，金山银山，稳如泰山，华夏集团创造的人间奇迹，得益于三个方面的始终坚持。

（一）始终坚持落实好习近平生态文明思想

中共威海市委书记、党校校长张海波同志指出，“落实习近平生态文明思想，把创造优良人居环境作为中心目标，加大对海岸、山体、林地、水系、土壤等保护力度，既提供生活所需的必要空间，又为人民群众获得精神愉悦创造条件，努力实现诗意栖居，把城市建设成为人与人、人与自然和谐共处的美丽家园。”

第一，坚持规划先行，尊重生态发展规律。威海市通过将修复区域纳入省级自然保护区规划，使采石场有了新的主体功能，其关停并转也有了法律依据；通过市区党委、政府与企业共同制定出台龙山区域修复规划，使生态修复有章可循；通过景区规划和文旅产业发展规划，使华夏山海城符合5A级景区条件，成为生态价值实现的主要承载体，持续创造巨大经济效益。

第二，坚持系统治理，认真落实山水林田湖草生命共同体理念。在整个华夏山水城，山水林田湖草六大元素齐备，通过科学专业的设计、施工，6000亩山川形成了和谐有序、错落有致、生生不息的小循环系统，是天地人合一的典范。

第三，坚持久久为功，甘当现代愚公。华夏集团二十年如一日，持续投入巨额资金进行生态修复，干了300年才能自然修复的活；二十载探索，倾力打造了世界首个360度旋转行走式的室外演艺《神游传奇》，含有8项专利技术，这是对专注、专业的赤子情怀的背书，十分了不起！

威海生态立市、华夏生态修复的成功范例，是习近平生态文明思想科学指引下的生动实践，集中反映了威海市党政军民学各级各部门，在威海市委坚强领导下，树牢“四个意识”、坚定“四个自信”、坚决做到“两个维护”，成为习近平新时代中国特色社会主义思想的学懂弄通做实者，成为习近平生态文明思想特别是“两山”理念的优秀开拓者、真正践行者。

（二）始终坚持加快政府职能转变

无论是规划、产权、政策、融资等各方面，都离不开政府向服务企业方向转变职能，都离不开政府将资源配置权还给作为市场主体的企业，都离不开政府提供具体明确的标准，都离不开政府与企业建立起“亲”“清”的伙伴关系。

特别是在生态标准方面，威海在全国领先实施《威海生态市建设总体规划》，出台《关于建设生态威海的决定》《关于“生态威海”建设的实施意见》《关于威海市创建水生态文明城市的实施意见》等一系列规划、文件，深入推进生态文明建设各项工作任务，走在了全国前列；建立健全了生态全要素保护地方制度体系，出台《威海市大气污染防治行动计划》《威海市环境空气质量全面优化行动计划》，实施治污、抑尘、除味、控车、增绿五项措施；实施《威海市水污染防治行动计划》《威海市饮用水水源地保护办法》，安排部署各项水环境治理和建设任务，实施全过程污染防治；实施《威海市土壤污染防治工作方案》《威海市土壤污染状况详查方案》《威海市土壤环境质量监测网络布点方案》；在全国率先出台《关于加强海岸带保护与管理的意见》《海岸带执法巡查办法》《沙滩保护管理办法》等管理制度，严格保护海岸线自然资源；出台《关于加强农村环境保护工作的意见》和《关于加强农村环境管护长效机制建设的意见》；稳步推进主要污染物减排，每个五年印发《威海市节能减排综合性工作实施方案》《畜禽养殖业主要污染物减排工作实施方案》等规范文件，实施年度减排计划和年度减排重点项目治污减排责任制，每季度对减排项目进行调度，并向全市通报，确保重点减排项目按时推进。

威海市包含“两山”转化在内的生态文明建设制度体系，对以华夏集团生态修复、发展文旅产业为代表的生态保护与修复的产业化和绿色发展的常态化，奠定了坚实的制度基础，这是威海以环境闻名于世、以生态见诸四海的根本保障。

（三）始终坚持推动企业转型升级

威海华夏集团始建于1985年12月，生产水泥10年。10年后的1994年，华夏集团由水泥制品转型为工程机械，生产顶天立地的华夏塔机，2005年，“华夏”商标被国家工商总局认定为建机行业全国首块“中国驰名商标”，所产“华夏”牌塔式起重机，连续12年全国销量第一，产品市场占有率达28%，并已出口到亚洲、欧洲、美洲、非洲等37个国家和地区，得到了国内外客户的认可和好评。2003 年，华夏集团再次转方式调结构，由二产工业转型到三产文化旅游产业。可以说，每 10 年上一个台阶，进行一次转型。这两次转型，都卡在重要的时间节点。1994 年是邓小平同志南方谈话后的第 2 年，全党将思想统一到大干快上的时候，华夏集团抓住了建筑行业大发展的机遇，把华夏塔机做起来了，并且做到了极致；2003 年中国加入 WTO 后不到两年，华夏集团敏锐地意识到，包括塔机在内的国内制造业将面临严峻的外部环境考验，外国先进的塔机生产商一定会进入中国争夺这一市场，在固守塔机制造业的同时，必须另辟蹊径寻求多元发展，以防止单一产业的竞争失败，开发华夏文旅，主攻龙山修复和文旅开发，也做到了极致。企业这些成长规律，归根到底取决于企业家精神，特别是世情国情变化的战略眼光，集团党委书记、董事长夏春亭同志，作为全国人大代表，可以说为企业动能转换掌稳掌准舵作出了卓越贡献。

2018 年 6 月 12 日，习近平总书记视察华夏生态修复情况时，赞赏华夏集团和集团党支部书记、董事长夏春亭同志是“现代愚公”“绿水青山”理论的践行者，“‘绿水青山就是金山银山’在这里得到了真正体现”，说了“六个不容易”，留下了“方兴未艾、再创佳绩”的嘱托。同时，习近平总书记还对全国生态建设提出了新要求，他指出，“良好生态环境是经济社会持续健康发展的重要基础，要把生态文明建设放在突出地位，把“绿水青山就是金山银山”的理念印在脑子里、落实在行动上，统筹山水林田湖草系统治理，让祖国大地不断绿起来、美起来”。华夏集团牢记习近平总书记的嘱托，2019 年又完成了废弃矿坑和荒山共 414 亩的综合治理，栽植树木 11 万余株；同时投资 25.5 亿元，在华夏城打造以生态培训为主的提档升级项目，打造的生态文明展馆以华夏城的生态修复为案例，进一步完善生态价值实现的“两山”转化途径，力争践行习近平生态文明思想再创佳绩、再造辉煌！

不忘初心、牢记使命的生态威海，正紧紧地跟着习近平总书记的脚步、走向新时代中国特色社会主义更加光明的未来！威海将继续沿着习近平总书记指示的生态文明人间正道，为人类走出工业文明的困境贡献中国、威海智慧和中国、威海方案！

作者简介

王东普，中共威海市委党校（威海市行政学院）校委委员、经济学教研部主任。

胡静，中共威海市委党校（威海市行政学院）经济学教研部讲师。

以“林长制”促“林长治”

——江西推进林长制改革的实践与探索

党的十八大以来，习近平总书记对新时代林业发展作出了一系列指示：森林是陆地生态系统的主体和重要资源，是人类生存发展的重要生态保障，不可想象，没有森林，地球和人类会是什么样子。林业建设是事关经济社会可持续发展的根本性问题，林业要为建设生态文明和美丽中国创造更好的生态条件。发展林业是全面建成小康社会的重要内容，是生态文明建设的重要举措。林业要为全面建成小康社会、实现中华民族伟大复兴的中国梦不断创造更好的生态条件。

要着力推进国土绿化，坚持全民义务植树活动，加强重点林业工程建设，实施新一轮退耕还林。要着力提高森林质量，坚持保护优先、自然修复为主，坚持数量和质量并重、质量优先，坚持封山育林、人工造林并举。植树造林是实现天蓝、地绿、水净的重要途径，是最普惠的民生工程。要充分发挥全民绿化的制度优势，因地制宜，科学种植，扩大森林面积，提高森林质量，增强生态功能，保护好每一寸绿色。

一、背景情况

江西位于世界亚热带面积最为广阔的欧亚大陆东南部，水热资源丰沛，地貌复杂，自然禀赋良好，因而孕育的森林植物格外丰富，森林类型多种多样，自古以来素为我国“江南木竹之乡”，是我国南方重点集体林区和重要生态屏障。目前，江西全省现有林地面积1.61亿亩，占全省面积的64.2%；森林覆盖率达63.86%，位居全国第二位。习近平总书记一直对江西的绿色生态发展寄予厚望。2016年和2019年，习近平总书记两次视察江西时均指出：绿色生态是江西的最大财富、最大优势、最大品牌，要做好治山理水、显山露水的文章，打造美丽中国“江西样板”。2017年9月，中共中央、国务院批复《国家生态文明试验区（江西）实施方案》，为江西实现绿色崛起提供了国家战略支撑。

但是，随着工业化、城镇化进程加快，经济社会发展改革与森林资源保护之间的矛盾日益凸显，江西省森林资源保护发展面临的形势不容乐观，有些问题还比较突出。部分地区存在森林资源保护发展目标责任制落实较为虚化、各级党政领导关于森林资源保护发展的意识在淡化；党政齐抓共管以及部门协同促进森林资源保护发展的合力在弱化；经济建设对林地的需求与林地保护政策之间的矛盾，以及林权所有者对森林资源效益的多元化需求与森林资源有效管理的矛盾在激化；机构改革形势下林业部门的地位在矮化等四个方面突出问题。这些问题导致乱征滥占林地、乱砍滥伐树木、乱捕滥猎野生动物、乱采滥挖野生植物等不良现象时有发生，给森林资源安全和林业生态保护带来严重的不利影响。特别是云南洱海、甘肃祁连山、陕西秦岭等一批破坏森林资源案件的曝光与查处，给江西省森林资源保护和林业生态发展敲响了警钟。

为贯彻落实习近平总书记重要指示，江西省委十四届六次全会将“千方百计提升生态质量和效益”作为“三大提升”之首，强调要加快推进国家生态文明试验区建设，以更高标准打造美丽中国“江西样板”，努力在绿色发展上走在全国前列。江西是我国著名的革命老区，是我国南方地区重要的生态安全屏障，面临着发展经济和保护环境的双重压力。深入贯彻落实习近平总书记重要指示批示精神，在江西开展国家生态文明建设，有利于发挥江西生态优势，使绿水青山产生巨大生态效益、经济效益、社会效益，探索中部地区绿色崛起新路径；有利于维护区域内自然生态系统的完整性，构建山水林田湖草生命共同体，探索大湖流域保护与开发新模式；有利于把生态价值实现与脱贫攻坚有机结合起来，实现生态保护与生态扶贫双赢，推动生态文明共建共享，探索形成人与自然和谐发展新格局。从这个战略高度出发，江西省委、省政府坚定生态优先、绿色崛起理念，以改革为动力，以创新增活力，积极探索在全省实施森林资源管理体制改革。

二、基本做法

为探索出一条经济发展和生态文明水平提高相辅相成、相得益彰的路子，2016 年，江西省抚州市率先在全国实施“山长制”，随后，江西省九江市武宁县在全国率先实施“林长制”，并取得了成功经验，产生了良好的影响。为全面落实保护发展森林资源目标责任制、落实党政领导干部责任开好头、起好步，在总结抚州市“山长制”、武宁县“林长制”基础上，江西省委、省政府审时度势、科学谋划，通过借鉴省内两地的成功经验，反复调研、充分论证，把建立林长制纳入了 2018 年省《政府工作报告》和国家生态文明试验区建设工作要点，并于2018 年7月3日出台《关于全面推行林长制的意见》，决定在全省全面推行林长制，部署在全省全面建立以各级党政领导同志担任林长，全面负责相应行政区域内森林资源保护发展的林长制管理机制。

（一）坚持党政同责，构建五级林长组织体系

坚持“党政同责、分级负责”原则，全面推进省、市、县、乡、村五级林长组织架构，逐级明确任务，层层压实责任。一是建立林长体系。省、市、县三级设立总林长和副总林长，分别由同级党委、政府主要负责同志担任；设立林长若干名，由同级相关负责同志担任。乡级设立林长和副林长，林长由党委主要负责同志担任，第一副林长由政府主要负责同志担任。村级设立林长和副林长，分别由村支部书记、村主任担任。二是划

定责任区域。村主任责任区域按行政区划划分，省、市、县、乡、村五级林长责任区域分别以市、县（市、区）、乡（镇、街道、场）、行政村（社区）、山头地块为单位划分。国有林场按隶属关系由同级林长负责。三是明确林长责任。按照“统筹在省、组织在市、责任在县、运行在乡、管理在村”要求，各级林长领导和推动落实各自责任区域森林资源保护发展工作。明确林长制主体责任在县级，县级总林长和副总林长为第一责任人，林长为主要责任人。下级林长对上级林长负责，上级林长对下级林长负有指导、监督、考核责任。目前，全省共有省级林长 11 人、市级林长 100 人、县级林长 1603 人、乡级林长 14006 人、村级林长 35427 人。推行林长制后，全省各级党政领导对森林资源保护意识明显增强。2020 年 11 月 9 日，省级总林长、省委书记刘奇在全国率先签发了第 1 号省级总林长令，在全省掀起了各级林长巡林的新高潮。据统计，2020 年，全省共签发各级总林长令 130 次，各级林长开展巡林 4432 人次，全省提交林长责任区域森林资源清单 1876 份和问题清单 1521 份、工作提示单 2039 份、印发督办函 1180 份，市县两级林长协调解决森林资源保护发展问题 2889 个，各级林长履职尽责意识不断增强。

（二）坚持目标导向，确立“三保、三增、三防”目标任务

按照“明确目标、落实责任、长效监管、严格考核”的要求，坚持目标导向、问题导向、效果导向，确立林长制“三保、三增、三防”目标体系。“三保”，即保森林覆盖率稳定、保林地面积稳定、保林区秩序稳定；“三增”，即增森林蓄积量、增森林面积、增林业效益；“三防”，即防控森林火灾、防治林业有害生物、防范破坏森林资源行为。通过全面推行林长制，建立健全林长制管理制度，强化森林资源管理，提升森林资源质量，提高科学利用水平，到 2020 年，全省基本实现资源总量增长、森林质量提高、生态环境优美、林业产业发达的目标；到 2035 年，全省林地保有量、森林面积、森林覆盖率等保持稳定状态，森林质量水平位居全国前列，森林生态功能更加完善、生态效益更加显现，林业生态产品供给能

力全面增强，森林资源管理水平显著提升，基本实现林业现代化。推行林长制以来，江西广大干部群众育林护林的积极性明显提高，增绿提质效果和林业资源开发效益显著。2019—2020年，全省完成人工造林223.2万亩，连续超额完成年度造林绿化任务，造林合格率平均达到95%以上。自2018年部署开展重点区域森林“四化”建设以来，全省共完成重点区域森林“四化”建设面积44. 9万亩，占两年计划任务的134. 4%，种植各类乔灌木彩化树种1348万株、珍贵树种402万株，推动森林资源质量不断提升。全省林业经济总规模达到3934万亩，林下经济产值达2034亿元，产业和产值规模均居全国前列。2019年，全省林业产业年总产值5112亿元，林业总产值进入全国六强。

（三）坚持统筹推进，建立齐抓共管运行机制

一是制定配套制度。省级层面建立了林长会议制度、林长巡林制度、考核评价办法、督查督办制度、信息通报制度等配套制度，市县两级也相应出台了贯彻落实的制度文件。二是建立协作机制。在省、市、县三级政府部门中，将组织、编制、发展改革、财政、审计等部门纳入林长制协作单位，明确协作单位职责，形成在总林长领导下的“部门协同、齐抓共管”工作格局。三是设立专门机构。县级以上设立林长办公室，办公室主任由同级林业主管部门主要负责同志担任。林长办公室负责林长制的组织实施和日常事务，定期或不定期向总林长、副总林长和林长报告森林资源保护发展情况，监督、协调各项任务落实，组织实施年度考核等工作。四是建立对接机制，由林业部门和相关协作单位人员组成同级林长对接工作组，分别负责协调各自对接林长的巡林、调研督导责任区域森林资源保护发展工作。

（四）坚持源头治理，强化森林资源源头管理

以县（市、区）为单位，按照“网格化、规范化、信息化”要求，开展“山场、人员、资金”三整合。一是实行全覆盖网格管理。在县域内综合考虑地形地貌、林业资源面积及分布、管护难易程度等，将所有林业资

源合理划定为若干个网格，实现林业资源网格化全覆盖，一个网格对应一名专职护林员，使网格成为落实森林资源管护责任的基本单元。二是组建“一长两员”队伍。以村级林长、基层监管员、专职护林员为主体，组建“一长两员”森林资源源头管理队伍。基层监管员一般由乡镇林业工作站或乡镇相关机构工作人员担任；专职护林员由生态护林员、公益林护林员、天然林护林员、村级防火员等原来各自为战的护林力量整合而成。按照村级林长、基层监管员负责管理若干专职护林员的要求，构建覆盖全域、边界清晰的“一长两员”森林资源源头网格化管护责任体系，实现了“山有人管、树有人护、责有人担”目标。目前，全省整合基层监管员 6725 人，聘请专职护林员 30911 人。按照相关管理规定，专职护林员巡林频率一个月不少于 15 次，单次巡林时间不少于 2 个小时，以护林员工作表现为评价基准实行一年一聘。三是保障护林经费。按照“渠道不乱、用途不变、集中投入、形成合力”原则，统筹现有生态护林员补助、公益林和天然林管护补助、村级森林防火补助等资金，按照人均年收入不少于 1 万元的标准，保障专职护林员合理工资报酬，不足部分由同级财政资金兜底支持。2020 年，全省县级财政投入 5410 多万元用于提高专职护林员收入保障。目前，全省专职护林员人均年工资达 14513 元，较去年提高了 25%。四是实施信息化管理。江西省林长办借助大型央企的信息应用技术，积极开发并推广应用本省林长制巡护信息系统——“赣林通”，此款手机应用软件可实时监控记录护林员巡山护林轨迹，护林员开始巡山打开软件登录后，可以实时将巡山轨迹、巡逻状态和巡山天数、出巡时间等信息上传到大数据后台，还能将发现的破坏森林资源违法事件及时明确上报，实现了涉林违法问题的快速发现、快速处理，提升了当地林业管理机构对专职护林员的监管水平，切实做到“山头有人巡、后台有人盯、问题有人查、成效有人问”。自系统投入运行以来，全省护林员巡护上报事件总数 1565 起，已处理办结 15261 起，办结率为 97.5%。此外，江西应用卫星遥感、北斗定位人工智能、物联网等信息技术，建立“空天地”一体化森林资源监管体系。推动建立各级林长责任区域森林资源本底数据库，为各级林长履职尽责评价奠定信息基础。

（五）坚持绩效引领，构建科学的考核评价体系

一是明确考核指标。将林长制年度工作考核与森林资源保护发展主要工作相结合，建立由10项保护性指标、3项建设性指标构成的林长制目标考核体系。同时，将森林覆盖率等4项约束性指标任务分年度下达到各设区市，再由设区市分解下达到所辖县（市、区），层层压实目标任务。二是优化考核办法，对各项指标完成情况，采取量化评价与日常工作相结合进行考核，既注重目标结果，又注重管理过程。同时，设置影响度考核指标，对工作创新、上级表彰、省级以上主要媒体正面报道等予以加分；对受到国家和省点名批评、省级以上主要媒体负面曝光、辖区发生森林资源重大刑案等予以扣分。三是强化考核运用。每年底省林长办对各设区市林长制工作情况进行综合考核评估，考核结果在省级总林长会上、向全省分别通报，并纳入市县高质量发展、生态文明建设、乡村振兴战略及流域生态补偿等考核评价内容，作为对党政领导干部考核、奖惩和使用的重要参考，真正做到“工作有目标、考核有指标、结果有运用、奖罚能兑现”。

（六）坚持市场运作，建立林业生态产品价值转换机制

保护的目的是发展，怎样将“绿水青山”转化为“金山银山”，也是江西省在推行林长制过程中一直在思考的问题。江西省坚持市场化运作，着力探索建立林业生态产品的价值转换机制。一是激发社会资本投资活力。如抚州市资溪县已结合当地实际，就林业资源市场化问题探索出了一条可行之路。该县通过建立“两山银行”，开展非国有商品林、林权收益权、景区特定资产收费权等资源赎买和质押试点，获得银行贷款25.6亿元。由县政府主导出资1000万元、向社会筹集1000万元，成立森林资源收储中心，向全县林业经营贷款主体提供担保，加强林业投资风险防控，对出现无法偿还贷款的不良行为，由受贷主体向森林资源收储中心提出森

林赎买申请，通过赎买偿还贷款资金，有效激活社会资本投资林业生产的活力。经过近两年的实践，资溪县通过流转、租赁和合作三种模式，已经完成森林赎买面积 9.8 万亩。二是将林业资源与第三产业叠加，走产业融合之路。如九江市将森林资源融入第三产业，实现了产业升级。目前，该市森林药材新增产值达 1.2 亿元，农户（贫困户）参与种植户数达到 890 户，户均增收 1.2 万元，森林旅游与休闲服务业接待游客 3019.8 万人次，社会综合产值超过 306 亿元。

三、案例点评（经验与启示）

全面推行林长制，是森林资源保护管理体制机制的重大创新，是江西省继全面推行河长制、湖长制之后，统筹推进山水林田湖草系统治理的又一项重大举措。江西省作为 4 个国家生态文明试验区中首个推行林长制的省份和全国率先全面推行林长制的省份之一，为全国生态文明建设积累了有益经验，探索了新路子。总结江西省林长制工作经验，主要表现出五方面的特点。

（一）压实各级党政主体责任是全面推行林长制的关键所在

责任意识的强与弱，责任落实的好与坏，直接关系一个地区、部门、单位、系统的作风建设成效乃至政治生态状况。不折不扣落实各级党政主体责任，是各级党组织的职责所在、使命所系。各级党政主要领导只有牢固树立林长制工作“抓好是本职，不抓是失职，抓不好是渎职”的观念，层层传导压力，压紧压实责任，推动形成一级抓一级、层层抓落实的生动局面，才能汇聚起林长制改革发展的强大合力。江西全面推行林长制，是贯彻实施新《森林法》关于实行森林资源保护发展目标责任制的具体举措，其落实的关键就是要让各级党政领导知责明责、履责尽责、考核问责，实现林有人管、事有人做、责有人担。森林资源管理领导责任体系的科学制定和有效实施，使得各级林长对管辖林区情况非常熟悉，对如何聚焦“三保、三增、三防”任务有自己的深入思考。总之，只有把责任压实到人，落实到山头地块，真正将“乌纱帽挂到树梢上”，才能调动各级领导干部兴林护林的积极性，实现从“要我干”到“我要干”的根本转变。

（二）构建网格化源头管理体系是全面推行林长制的核心举措

源头管理是控制资源消耗，实施森林限额采伐的关键，也是林政资源管理工作的难点和重点。源头管理工作搞好了，森林资源才能得到有效的保护。构建网格化源头管理体系是改变当前林业部门基础管理力量严重不足的严峻形势的必然要求，也是确保林长制在落地见效的重要保障。江西省把源头治理理念融入林长制改革实践，在全面增强林长制基层基础能力建设上下功夫，将森林资源监管重心向源头延伸，通过整合基层管护力量和森林资源管护资金，构建了“一长两员”森林资源源头管理架构，充分发挥行政村林长和森林资源监管员、专职护林员距离山头近、发现情况早等优势，以连片山场为网格，划定全覆盖、网格化的森林资源管护责任区，建立健全源头信息化管理机制，组织开展拉网式巡查，守好源头、看牢山头、管住人头，使森林资源得到有效保护和发展，进一步推动了林业系统治理、依法治理、综合治理、源头治理，实现了“山有人管、树有人护、责有人担”目标。

（三）让改革成果惠及人民是全面推行林长制的根本目的

习近平总书记指出，改革是为了增进人民福祉，根本要激发动力、让人民群众不断有获得感。推行林长制改革，必须牢固树立和践行绿水青山就是金山银山理念，始终坚持以人民为中心，把林业资源的保护发展与人民群众的需求始终紧密结合起来，让改革发展成果更多惠及人民。江西省在全面推进林长制改革中，各地始终坚持以人民满意为出发点，积极推进生态产业化和产业生态化，系统推进林地经营模式改革、国有林场改革等各项改革，通过森林经营、特色产业发展、专项资金投入等，带动林业加快转型，提升森林质量，增加林地产出，扩大基层群众就业，不断满足人民群众对优美生态环境、优良生态产品、优质生态服务的需求，实现了山更青、权更活、民更富，真正让林业改革成果更多更公平地惠及广大人民群众。推行林长制过程中，在实现林业资源保护与发展目标的同时，要突出生态惠民，坚持改革利民，发展产业富民，全力释放“生态红利”，实现生态美、产业兴、百姓富的多赢目标。

（四）健全林长制工作机构是全面推行林长制的组织保障

我国森林资源保护管理一直采用的是以林业部门为主，其他部门为辅，部门与地方条块分割的矩阵式管理模式。在这种管理模式下，森林资源的保护管理主要由林业部门负责，但林业部门在具体环境执法中由于受到行政权限、技术手段、人员配给等问题限制，很难达到预期的目标。江西在推进林长制过程中，为了克服“九龙治水”的部门协调难题，在县以上设立林长办公室作为综合协调部门，为全面推行林长制提供了有效的组织保障。江西通过明确林长办公室是各级林长的办公室，不是林业部门的内设机构，跳出林业设机构，有效提高了林长制工作层面。充分发挥林长办与同级林长的工作请示汇报作用、与同级部门的工作沟通协调作用、对下级林长的工作督查督办作用，强化林长办定期调度通报、重点工作督办、信息简报交流等工作手段，是林长制不断推深做实、取得实效的基础。

（五）科学的考核评价机制是全面推行林长制的有力抓手

建立科学的绩效考核体系，严格执行绩效考核指标，有效发挥绩效考核的激励作用，是推动各项工作顺利开展的有力抓手。林长制要发挥作用、产生效果，就必须用好绩效考核这个指挥棒，只有真正做到“工作有目标、考核有指标、结果有运用、奖罚能兑现”，才能使林长制由“冠名制”变为“责任田”，从“林长制”转化成“林长治”。为推进林长制工作顺利开展，江西省建立了由10项保护性指标、3项建设性指标构成的林长制目标考核体系，并强化考核结果运用，将考核结果纳入市、县高质量发展、生态文明建设、乡村振兴战略及流域生态补偿等考核评价内容，作为对党政领导干部考核、奖惩和使用的重要参考，有力地调动了各级党政领导干部推进林长制的积极性和主动性。

（六）完善相关配套制度是全面推行林长制的坚实保障

习近平总书记指出“只有实行最严格的制度、最严密的法治，才能为生态文明建设提供可靠保障”。建立和落实林长制，强化各级党委、政府主体责任和部门联动机制，推动形成保护森林资源的责任机制，必须有一套科学管用的制度体系，确保林长制工作科学化、制度化、规范化。江西在全面推进林长制的过程中高度重视制度建设的重要性，把完善相关配套制度作为推进林长制的重中之重。围绕林长制工作的顺利开展，江西省先后制定了《江西省林长制省级会议制度》《江西省林长制省级督办制度》《江西省林长制信息通报制度》《江西省林长制工作考核办法（试行）》《江西省林长巡林工作制度》五大制度，对林长会议、林长巡林、考核评价、督察督办、信息通报等工作作出明确规定，使林长制工作目标、运作体系制度化，并通过加强制度执行力，强化制度约束力，为林长制的顺利实施提供了坚实保障。

四、未来展望

2020 年 12 月 28 日，中共中央办公厅、国务院办公厅正式印发《关于全面推行林长制的意见》（以下简称《意见》）。在此背景下，江西省要认真贯彻落实中央《意见》精神，大胆创新，勇于探索，进一步推深做实林长制工作，确保江西省林长制工作继续在全国“作示范、勇争先”。

（1）不断压实各级林长责任，严格执行《江西省林长巡林工作制度》，通过不定期开展巡林活动，推动各级林长主动协调解决森林资源保护发展问题。坚持“三单一函”（资源清单、问题清单、工作提示单、督办函）制度，督促各级林长积极履职尽责。

（2）着力加强森林资源源头管理，按照网格化管理、信息化建设、规范化运行的要求，进一步健全“一长两员”源头管理机制。督促各地进一步完善森林资源管理责任区网格化，全面推行应用林长制巡护信息系统，大力开展“一长两员”队伍规范化建设，强化监督考核，确保源头管理机制充分发挥作用。

（3）扎实保护和发展森林资源，以“护绿提质专项行动”为抓手，通过持续开展专项行动，严厉打击破坏森林资源行为，不断提升森林火灾综合防控能力，进一步遏制松材线虫病蔓延危害，切实加强森林资源保护。深入推进重点区域森林“四化”建设，进一步改善林业结构，不断提高森林资源质量，实现由“绿化江西”向“美化江西”跨越。

（4）大力营造良好工作氛围。组织全省积极开展如“最美护林员”等林长制宣传推介活动。及时总结各地林长制工作创新做法、经验和成效，打造一批可复制推广的林长制工作示范点，进一步扩大林长制的社会影响，积极树立江西林长制品牌。

作者简介

陶国根，中共江西省委党校（江西行政学院）公共管理教研部副主任、教授。

周延飞，中共江西省委党校（江西行政学院）公共管理教研部副教授、博士。

叶好，中共江西省委党校（江西行政学院）公共管理教研部助教。

从“工业锈带”变身“生活秀带”

——上海杨浦滨江城市更新中的“困”与“破”

2019 年 11 月 2 日，习近平总书记选择了上海杨浦滨江作为十九届四中全会后的首次考察目的地，就贯彻落实四中全会精神、城市公共空间规划建设等进行调研，对滨江贯通开放给予了充分肯定。习近平总书记指出：黄浦江两岸给老百姓开放，特别是杨浦把上海的百年工业特色保留了下来，从“工业锈带”变成了生活的“秀带”，金字旁的“锈”变成了秀丽的“秀”。上海应该是属于人民的城市，要继续建设人民的公共空间，不断增强人民的幸福感、获得感。

习近平总书记的杨浦滨江之行，聚焦了三个重点：

一是“城市治理”。

全国 80% 以上的经济总量产生于城市，50% 以上的人口生活在城市。城市治理是推进国家治理体系和治理能力现代化的重要内容。上海是全国最大的经济中心城市，也是世界超大城市的代表，走出一条符合超大城市特点和规律的社会治理新路子，是关系上海发展的大问题。习近平总书记要求上海深入学习贯彻党的十九届四中全会精神，不断提高社会主义现代化国际大都市的治理能力和治理水平。

二是“攻坚克难”。

这次考察，习近平总书记希望上海勇挑最重的担子、敢啃最难啃的骨头，发挥开路先锋、示范引领、突破攻坚的作用，着力提升城市能级和核心竞争力，为全国改革发展作出更大贡献。

三是“开放风气”。

习近平总书记在第三届中国国际进口博览会开幕前夕到上海考察，扩大对外开放是一项极为重要的内容。上海背靠长江水，面向太平洋，长期领中国开放风气之先，在对外开放中有着举足轻重的作用。杨浦滨江正在打造面向未来的“杨树浦滨江国际创新带”和“世界级会客厅”。中国开放的大门不会关闭，只会越开越大，这是中国向国际社会作出的庄严承诺。中国对外开放的重大举措不会停步，而且还将不断走向深入。

一、背景情况

（一）杨浦滨江的区位优势和历史价值

杨浦区位于上海主城的东北，紧邻北外滩，与陆家嘴隔江相望，是上海面积最大、人口最多、滨江岸线最长的中心城区。杨浦滨江全长 15.5 公里，是上海浦西中心城区最长岸线，拥有上海乃至全国最完整、最集中、最丰富的近代工业遗存。杨浦滨江计划分为南、中、北段三段式开发，先期开发的杨浦南段滨江西起秦皇岛路、东至定海路，岸线全长约 5.5 公里，其中杨浦大桥以西 2.8 公里于 2017 年 10 月实现贯通，杨浦大桥以东 2.7 公里于 2019 年 9 月实现贯通。

《上海市城市总体规划（2017—2035 年）》提出创新之城、人文之城、生态之城，探索新的城市更新机制，杨浦滨江具有不可比拟的优势，是中心城区少有的“大衣料子”。杨浦滨江区位优势明显，距离外滩、陆家嘴、自贸区以及张江高科技园区等重要区域都在 15 分钟车程之内。根据规划，杨浦滨江将拥有“一桥九隧”的越江交通格局，实现与浦江两岸各功能区高度融合发展。杨树浦路以北是目前上海中心城区成片旧里最集中的区域，涉及 2.3 万户居民，总面积是全市第一。完成杨浦滨江城市更新将释放 13 平方公里的稀缺土地资源，相当于第二个虹桥商务区。

（二）杨浦滨江的承载功能和引领地位

根据中央要求，上海要建设具有全球影响力的五大中心，承载四大核心功能。杨浦作为国家双创示范基地，在科教人才资源集聚、打造万众创新示范区、形成科技创新的策源高地、科技成果转化高地、新兴产业发展高地等方面具有较强的比较优势，杨浦滨江正是承载上海核心功能的重要区域。

上海市委市政府对黄浦江开发有“百年大计、世纪精品”的总要求，杨浦滨江因其浓厚的历史底蕴可以积极发挥“浦江 4.0”引领未来的角色定位，脱颖而出。黄浦江两岸开发要做到“百年大计、世纪精品”，必须注重历史的延续、文化的弘扬。外滩创建了“浦江 1.0”的格局，成为黄浦江百年历史展示的窗口，汇聚近代航运及金融企业翘楚；陆家嘴等区域代表了“浦江 2.0”的开发，布局现代金融等产业；前滩、后滩等区域推动“浦江 3.0”的演进，推进文化产业发展；杨浦具有百年工业、百年大学、百年市政“三个百年”的历史底蕴，具有这座城市不可复制的文脉和记忆，兼具纵深和空间等资源优势，将成为传承文脉、功能复合、产域融合的综合滨水区。

二、基本做法

（一）决策与规划：滨江国际创新带

杨浦滨江推进城市更新的重要意义非常明显。那么，该如何用好这块上等的“大衣料子”呢？上海市委市政府做出了“高起点规划、高标准建设”的世纪决策。

1. 设计理念：历史感、智慧型、生态性、生活化

杨浦南段滨江为目前中心城区滨江区域最具规模的连片开发区域，具有巨大的后发优势和发展潜力。杨浦区以“科技创新，文化创意”为驱动力，以历史感、智慧型、生态性和生活化的设计理念，重点塑造“科技—

文化—金融”为主导的区域功能，打造世界级滨水岸线。

历史感：杨浦滨江见证了上海百年工业的发展历程，是中国近代工业的发祥地。杨浦区委托中国科学院院士、同济大学建筑系常青教授的团队，走访了滨江区域每一幢厂房，对建筑物的年代、用料、功能等进行评估，并列出一张“保护清单”。

智慧型：运用互联网、移动终端、线上线下交互技术、呈现丰富多元的滨江风貌。依托区域优势，运用创新科技建设管理滨江，发挥工业遗产价值，提升空间品质，吸引创新型企业，对接中国工业 2025，建设国家双创示范基地。

生态性：依托工业遗存和原生态特色植物，打造后工业特色景观带。设计师利用低洼地形，设计了若干雨水花园，因地制宜地运用雨水调蓄功能和海绵城市技术，调节城市水文微气候，创建低碳低能耗、充满野趣的综合环境。

生活化：杨浦滨江由封闭的生产岸线转变成为开放的生活岸线，营造城市公共生活。滨江示范段自 2016 年 7 月对公众开放至今，社会各界来访参观者络绎不绝，举办了城市定向赛、创意集市等公益性、群体性活动百余场，也成为摄影和健身爱好者的聚集地。平均人流量达 2000 人每天，真正做到了“还江于民”。

2. 建设构想：“三带、九章、十八强音”

21 世纪以来，上海沿黄浦江两岸高耗能、高污染、高耗水企业搬迁势在必行，但空出大量的土地、厂房如何变身进入新时代？杨浦滨江设计团队结合上海迈向全球城市、打造五个中心的目标规划，提出了“后工业、新百年——百年工业博览带、杨浦滨江进行曲”的愿景，并提出了“三带、九章、十八强音”的构想。

“三带”是指 5.5 公里连续不间断的工业遗存博览带，漫步道、慢跑道和骑行道“三道”交织活力带，以原生植物和原有地貌为特征的原生景观体验带。

“九章”是指对于整个杨浦南段滨江的区段划分，在场地遗存的特色厂区基础上进行了不同空间处理、情绪体验、功能倾向的规划设计，从而形成各具特色的九个章节。

“十八强音”是指从总体布局到章节段落再到特色节点，设计团队在充分调研场地工业遗存的基础上，提炼出包括“十八强音”在内的工业遗存改造新亮点。“十八强音”分别是船坞秀场、钢雕公园、编制仓库、工业博览、焊花艺园、创智之帆、舟桥竞渡、浮岛迷宫、芦池杉径、沙滩码头、渔港晚唱、生态栈桥、钢之羽翼、塔吊浮吧、绿丘临眺、深坑攀岩、知识工厂、失重煤仓，设计这些景观，目的是要体现节点设计的趣味性、开放性和互动性。

3. 综合开发体制机制:“三位一体”组织架构

2014 年，杨浦区委、区政府建立了“政府主导、统筹协调、市场运作”的滨江开发“三位一体”组织架构（即指挥部 + 办公室 + 滨江公司），建立健全了多层次的指挥决策、督促协调、推进落实的工作机制。指挥部全体会议统揽全局抓决策，办公室专题会议协调推进抓督促，滨江公司发挥主体作用抓落实，从而为杨浦滨江开发奠定了坚实基础。

滨江公司全称为上海杨浦滨江投资开发有限公司，是杨浦区国资系统六大集团之一，于 2013 年 11 月由原上海新杨浦置业有限公司调整建制转型而成。公司注册资本 54 亿元。作为杨浦滨江开发建设和管理运营的主体，滨江公司秉承“远见、创新、卓越、共赢”的企业价值观，紧紧围绕“滨江国际创新带”建设，聚焦科技创新、文化创意和科技金融产业。同时，逐步形成城市运营、地产开发、产业投资运营三大业务，以及智慧和金融两大平台，努力成为具有国际影响力的一流城市综合运营商。

（二）矛盾问题与解决方案

1. 保护与开发之困

杨浦滨江见证了上海工业的百年发展历程，是中国近代工业的发祥地。1869 年，公共租界当局在原黄浦江江堤上修筑杨树浦路，拉开了杨浦百年工业文明的序幕。至1937年，区域内有57家外商工厂，民族工业发展到301家，成为中国近代重要的工业基地。杨树浦工业区创造了中国工业史上众多之最，有中国最早的机械造纸厂、拥有最多船坞的修船厂、最早的外商纱厂、最大的电站辅机专业设计制造厂等。目前，中国最早的自来水厂——杨树浦水厂仍在运行中。

老工业区更新，仅杨浦滨江南段，规划保护/保留的历史建筑总计24处，共66幢，总建筑面积达26.2万平方米。例如，中国最早的钢筋混凝土结构的厂房（怡和纱厂废纺车间锯齿屋顶，1911年建）、中国最早的钢结构多层厂房（江边电站1号锅炉间，1913年建）。因此，杨浦老工业区被联合国教科文组织专家称为“世界仅存的最大滨江工业带”。沿江企业中船舶、化工、机电、纺织、轻工、市政等门类的大中型企业约100余家，工业厂房林立、码头岸线复杂。20世纪八九十年代，伴随城市转型发展，产业结构调整，滨江不少老厂开始纷纷关停。

那么，在杨浦滨江的城市更新中，如何保护城市历史文化记忆呢？如何活化利用原有的工业遗迹呢？如何使杨浦滨江从以工厂仓库为主的生产岸线转型为以公园绿地为主的生活岸线、生态岸线、景观岸线，变成一座拥有厚重底蕴的工业遗址公园呢？如何使工业发祥地向创新策源地转变呢？如何使昔日的“工业锈带”变成了“生活秀带”呢？

2. 突破与创新之难

每个设计师、建设者入场后，都要先思考这些问题。这关系到滨江每一样事物的去与留，大到一座厂房，小到一段钢轨、一个拴船桩。

杨浦滨江南段总设计师，同济大学章教授说：“杨浦滨江一期示范段的项目中我们提出‘有限介入，低冲击开发’的设计策略，对房屋建筑、设施设备、地坪肌理甚至原生植物都仔细评估，凡是对场所精神的存留有帮助的‘痕迹’能留尽留。我们认为，场所精神既存在于‘锚固’在场地中的物质存留，又是若即若离于场地的诗意呈现。”这里所说的“锚固”，就是要把一些原本属于这个空间的东西固定下来，留住城市的历史文化记忆。

（1）贯通历程：突破重重难关。

杨浦滨江贯通工程是一个综合性多专业工程项目，涉及建筑、景观、水运、桥梁、市政道路等工程专业，需在短时间内完成全部建设任务，项目建设团队积极尝试各类创新技术。施工期间所有施工场地安装高清摄像头，并通过远程控制，在手机、电脑等多终端对现场进行及时把控与监督指导。BIM等新型管理技术，将工程进度计划表的编制时间细分到各单项工程细步工序的进度计划，用现场实景图片、高空航拍视频来制定提速方案。

施工单位上海市水利工程集团有限公司项目负责人邢怡君表示，工程队伍在施工过程中克服了诸多难题：“杨浦滨江原来有很多老货运码头，码头下面多有抛石、木桩、铁块等，施工作业条件较差。原本的防汛墙是由不同工厂自行建造的，整体线型弯曲，有的防汛墙没有桩基，有的后期又加盖过。后来我们根据每段防汛墙的实际情况，采用重建、加固等方式进行修缮，做到充分发挥防汛功能的同时兼具美观实用。该项目周边有工厂、居民区，对文明施工要求比较高。”

过去百年，杨浦滨江的工厂把岸线割裂，这是滨江长期难以贯通的原因，杨浦大桥以西2.8公里岸线上就有五种断点。根据不同断点的实际情况，设计团队采用了四种连接方法。滨江的起点秦皇岛踏水门，借用轮渡站建筑二层通廊连接；杨树浦水厂，为了绕过生产设施，架设了水上栈桥；丹东路轮渡站和宁国路轮渡站，采用搭建二层平台的连接方式，建造成一个望江平台；而最难跨越的断点——杨树浦港上，则架起了一道景观桥，轻盈地跨越杨树浦港直通对岸。

（2）杨树浦水厂：绕不过的坎。

535米的杨树浦水厂是杨浦滨江贯通中最大的断点。杨树浦水厂始建于1883年，是中国最早的自来水厂，时至今日依然负责上海一些区域约300万人口的生活用水和工业用水。滨江贯通过程中，沿线其他厂区都迁走了，唯独杨树浦水厂动不得。如果从杨树浦路绕行将水厂两侧连通，就会缺乏亲水性。而杨浦滨水空间要打通，势必要和杨树浦水厂产生关系。听闻滨江贯通的消息，杨树浦水厂负责人坐不住了："水厂安全牵涉到千家万户。滨江贯通，人走到我们的厂区周边，制水安全就多了隐患。"

滨江贯通是民生工程，而水厂的顾虑也是切切实实的。为了解决这535米的问题，十几种方案被渐次提出，然后又在现实约束下亲手否决掉。今天呈现在人们面前的"水厂栈桥"，是一个新颖大胆的方案：为保证一批处于防汛墙外的生产设施安全，水厂在平行于江面的位置设置了拦污网和隔油网，以及足够强壮的结构柱。利用这些高强度的基础设施体系，将全钢结构的景观步行桥架设其上，可以既不影响生产，同时创造出供游人近距离观赏江景和水厂历史建筑的公共通道。

（3）烟草仓库：拆抑或留。

烟草仓库是滨江复兴中对既有建筑实现转型的典型案例。起初，它被拆除的命运似乎难以逆转。建于20世纪90年代的烟草仓库高30米，共6层，总建筑面积24000平方米，由于烟草仓库的庞大体量占据了江边60米宽 、250米长的地带，不仅在视觉上阻断了城市与滨江的联系，也阻断了规划在这个区域新增道路的通行。但拆除也会引发诸多矛盾：水上职能部门用房、市政电网变电站、公共卫生间、防汛管理物资库以及滨江综合服务中心等市政及服务设施需要重新安置。最终设计团队对烟草仓库做了减量削隐处理和生态化改造，改造后地上面积13000平方米，其中绿化面积6800平方米，另外垂直绿化面积1800平方米。从而形成了一个独具特色的体验空间和有着丰富景观视野的立体公园"绿之丘"，集市政交通、公园绿地、公共服务于一身的包容复合的城市综合体。这项改造受到市民和游客的欢迎和赞赏，成为上海旅游的网红打卡地。

（4）雨水花园：如何让城市保持原生态。

雨水花园是一个由原先容易积水的"雨水洼地"通过雨水循环系统打造成的城市景观。水厂防汛墙后是一片低洼积水区，水葱、芦苇等水生植物丛生，原始的蓬勃生命力很旺盛。设计团队保留了原本的地貌状态，形成可以汇集雨水的低洼湿地，让其继续在场所中发挥调蓄等作用。另外通过设置水泵和灌溉系统，让湿地中的水发挥浇灌作用。同时，在低洼湿地中配种原生水生植物和水杉，形成江南味儿浓厚的景观环境。

杨浦滨江焕新设计贯彻的是海绵城市理念。铺装系统均采用透水铺装，并结合绿化和地形条件设置下凹绿地、滞留生态沟、雨水花园、雨水湿地等，还在有条件的地方设置雨水收集和回用装置。景观用地总体实现了渗、蓄、滞、净、用、排 6 项功能，雨水经渗透、储蓄、滞留、净化、再利用之后，多余水量才通过排水系统输出到市政管网中。作为雨水的收集、滞留场所，常水位为 2.50 米，最高水位为 3.10 米，可调蓄的雨水量约为 738 立方米。既可以缓解市政管网排水压力，又可以满足示范段绿地浇灌用水量。雨水就地消纳和吸收利用，合理控制雨水径流，从而保护场地水文现状，缓解城市内涝，调节城市微气候。

（5）“滨江锈”：创新解决色调难题。

如何使 5.5 公里杨浦滨江栏杆看上去“锈迹斑驳”，花了长达半年时间，杨浦滨江攻克了这个难题。起初大家想通过调色解决，各色油漆按照不同比例调和，前后调制了十几种色调，但实验后发现，并不能显出“锈迹斑驳”。第二套方案是在天然生锈的栏杆上包裹外漆，然而实验期间，铁锈继续氧化并穿破外漆锈到表面上来，影响了栏杆的耐久性，实验失败。设计团队继续尝试，他们找过专门漆潜水艇的公司来帮忙，也用过各类“神油”“神漆”，都不能达到那个既呈现锈的效果，又不继续生锈的平衡点。半年后，他们又尝试在油漆中掺锈粉，刷漆后静置到锈粉氧化完毕，再用外漆罩住。神奇的“滨江锈”就这样诞生了！

（三）关键步骤实施：创新突破土地和房屋征收瓶颈

杨浦区贯彻落实市委、市政府关于黄浦江两岸综合开发的总体要求，不断强化精品意识，高品质、高标准扎实推进规划优化工作，紧紧围绕产业发展、基础配套、环境改善、低碳智慧、文化弘扬等关键环节，研究、论证、制定实施方案，创新“政企合作”土地收储机制，突破土地、岸线码头收储瓶颈，为杨浦南段滨江综合开发工作奠定了扎实基础。

“十二五”末，南段滨江核心区共有土地面积2666.25亩。其中，现状市政道路及水域面积237.65亩，现状地块面积2428.6亩。后者包括：规划保留地块面积551.3亩，已出让及落实开发主体地块面积607.9亩，已收储待出让地块面积1184.9亩，待收储土地14幅（约84.5亩）。在滨江综合开发的空间储备方面，杨浦区主要做了以下几项工作。

一是南段滨江土地岸线收储基本完成。创新土地收储工作机制，按照“合作共赢”思路，加强政企合作，全力突破土地收储瓶颈。经与交通部打捞局、中船、烟草、电气、城投等大企业集团的通力合作，杨浦南段滨江地区土地岸线码头收储取得实质性进展，共完成19幅、约866.45亩的土地收储，以及9处码头、共计约1014米长港口岸线的收储。

二是旧区改造扎实推进。杨浦量力而行，尽力而为，注重南段滨江协调区与核心区的“南北联动”“东西策动”，全面完成南段滨江核心区居民房屋征收，协调区居民房屋征收扎实推进。完成了84街坊、96街坊和2、3街坊等居民房屋征收工作，共计9740户。

三是土地出让有序推进。杨浦按照功能开发和产业布局的总体要求，综合开发成本，科学编制土地出让计划。完成了1号街坊、40街坊、84街坊西块、杨树浦发电厂和兰厂南块等5幅地块的挂牌出让，出让土地总面积约132141.3平方米，地上建筑物开发量约398668.8平方米。

（四）对标与展望：打造世界级滨水空间

1. 由全面贯通转向功能提升

过去几年，杨浦滨江南段开发显著提速，已实现全面贯通和区域转型升级。核心区土地已经基本收储完毕，协调区的旧区改造全面展开，为后续开发奠定空间基础。与此同时，基础设施建设全面展开，大定海泵站、江浦路越江隧道、地铁18号线等一批重大市政工程陆续开工。

接下来，南段滨江工作重点将实现由岸线贯通向功能提升的重大转移。未来两三年内将加速完成协调区的旧区改造，全面启动滨江区域工业历史建筑的修缮，并以此为基础建设世界技能博物馆等一批文化地标项目。同时，做好智慧滨江顶层设计，把滨江南段区域打造成为上海乃至全国的智慧城市示范区域。

2. 打造无愧于新时代的新标杆

在《上海市城市总体规划（2017—2035年）》中，杨浦南段滨江被划入上海的CAZ（中央活动区），意指比CBD（中央商务区）更具多样性的核心功能区。如何体现多样？与杨浦滨江发展轨迹相似的英国泰晤士河岸空间改造实践，给出了一种参考方案：在留住历史文脉的基础上，将城市滨水区工业化时期的建筑功能进行置换，把过去单一的产业、运输业态，变为集商业、休闲、旅游、文化、博览等多种城市功能于一体的业态组团，打造无愧于新时代的新标杆。

三、案例点评（经验与启示）

（一）处理好保护和发展的关系

习近平总书记强调，要提高城市治理现代化水平，要妥善处理好保护和发展的关系，注重延续城市历史文脉，像对待“老人”一样尊重和善待城市中的老建筑，保留城市历史文化记忆，让人们记得住历史、记得住乡愁，坚定文化自信，增强家国情怀。

杨浦滨江建设开发形成了“传承工业遗迹”这条主线，老厂房与新景点交融：“共生构架”，运用一半拆除、一半保留的结构加固策略，老锅炉厂的空间肌理被充分展现出来；渔人码头广场前留存着的钢质拴船桩和混凝土系缆墩中，有一个极为特殊。那是设计师在工人正在用冲击钻实施拆除过程中拦下的，这个墩座的最终形态就被定格在一个边角被凿开、露出少许钢筋的样子……这种对工业遗产的保护再利用，在国际一流城市滨水空间开发中颇为常见，是一种尊重历史的经济性开发方式。

保护与发展相辅相成，发展应建立在保护的基础之上，保护是为了使发展更可持续，而发展应是保护的必要呈现，要坚持合理开发，在开发中才能更好地保护。

（二）坚持城市的人民属性

习近平总书记指出，城市是人民的城市，人民的城市为人民。无论是城市规划还是城市建设，无论是新城区建设还是老城区改造，都要坚持以人民为中心，聚焦人民群众的需求，合理安排生产、生活、生态空间，走内涵式、集约型、绿色化的高质量发展路子，努力创造宜业、宜居、宜乐、宜游的良好环境，让人民有更多获得感，为人民创造更加幸福的美好生活。

过去生活在杨浦滨江一带的老居民都有一种普遍感受，觉得江边就在身边，但事实上看不到江边。“临江不见江”，传统的工业把滨江和百姓的生活空间隔断了。杨浦滨江通过城市更新将曾经高墙林立、闲人免入的生产型岸线华丽转身为开放共享、绿色人文的生活型岸线。“还江于民”，把生产型岸线置换为生活型岸线，是杨浦滨江贯通的更深层意义。如今，市民可通过秦皇岛路、上海船厂临时景观便道、怀德路等 8 条由北向南的道路，从杨树浦路走到滨江岸线。不少老杨浦人对这片土地有感情、有记忆，在江畔某栋老建筑前，他们还能常常碰到以前的老邻居、工友。同时，越来越多市民和游客走上滨江，共享水岸。

（三）完善共建共治共享的社会治理制度

党的十九届五中全会提出，完善共建共治共享的社会治理制度，建设人人有责、人人尽责、人人享有的社会治理共同体。城市有机更新不仅是“物”的建设和经济发展，更是一个提升生活品质、减少心理落差、共建共治共享的过程。

无论是在杨浦滨江的更新改造过程中还是完成之后，老百姓的积极参与都是滨江建设最大的亮点。雨水花园造好后，有人说座椅前的格栅孔隙太大，恰好够一个手机穿过，容易造成掉落风险。滨江的建设、设计、管理各方商议认为诉求合理，连夜就在格栅下架了一层孔隙更密的铁网。改造电厂时，设计师在厂区前面留下了一个原始的深坑，以便真实展现一些工业遗存。有人觉得旁边的护栏不够高，看上去有点吓人；也有人觉得这样才好，有历史趣味。最终滨江方面做出维持原状，加强安保岗位职责的决定，用柔性的管理方式代替物理围栏。

杨浦滨江建设中，百姓参与，不只局限于初期的意见征求环节；设计师参与，也不再止步于提交图纸。对设计师而言，只有在与使用者的持续互动中不断修正，才能无限趋近最好的设计。设计者、建设者、管理者、老百姓，置身同一话语层面，享有同等表达意见甚至是决策的权利，真正体现了共建共治共享。

作者简介

马立，中共上海市委党校（上海行政学院）社会学教研部副主任、副教授。

崔杨杨，中共上海市委党校（上海行政学院）社会学教研部讲师。

广东电子垃圾拆解重镇贵屿的世界"闻名"与转型重生

一、背景情况

广东省汕头市贵屿镇地处广东省汕头市潮阳区西部，东与谷饶镇、铜盂镇接壤，西与普宁市交界，北与金灶镇隔小北山相邻，南临练江与潮南区陈店镇、司马浦镇相望，地处潮阳、潮南、普宁三地交界，是潮阳的"西大门"。镇域面积52平方公里，其中耕地3.15万亩。行政辖8个社区和19个村。

贵屿镇属于严重内涝区，干旱、洪涝等自然灾害多发，农业生产基本没有保障。从20世纪五六十年代开始，贵屿人为了生计，开始挑着担子走街串巷收购鸡鸭毛、猪骨、废旧铜锡以及塑料物品，通过转卖赚取微薄利润，逐渐开始形成废旧物品回收利用的传统行业。改革开放以后，随着电子电器产业的快速发展，贵屿开始出现小规模家庭作坊，从事电子废品的无序拆解，将废品中含有的贵金属等提炼出来进行转卖。由于该行业获利高，在利益的驱动下，越来越多的群众开始收购废旧电子电器、废旧塑料和废旧五金进行拆解，整个行业规模逐渐扩大，贵屿镇成为全国起步较早、规模较大的废旧电子电器拆解基地。

据当地环保部门负责同志介绍，2011年汕头市贵屿地区从事拆解业的单位（包括个体经营户和经营企业）共5283家，全年拆解电子废物共

108.15 万吨，其中废旧电器 7.45 万吨，废旧电子元件 0.34 万吨，废旧线路板 21.72 万吨，金属类废物 2.85 万吨，废旧塑料 75.66 万吨，其他废旧物资 0.13 万吨。经拆解后形成的可利用物 101.03 万吨，其中金属 8.64 万吨，塑料 78.41 万吨，可再利用的零部件 3.66 万吨，拟进一步拆解利用电子废物 8.87 万吨，其他可利用物 1.15 万吨，其他固体废物 0.31 万吨。

拆解单位分布比较分散，其中主要拆解地有北林、华美、南安、渡头村、龙港和仙彭。拆解单位所采用的工艺包括手工拆解、电炉加热、电热分拣、沉浮分拣、煤炉加热、烧烤、电解、粉碎和造粒等。据汕头环保局掌握的资料来看，当时贵屿地区电子废物进入的途径主要有以下几种：一是贵屿的大买主向各大型电器企业收购电子废料转卖给当地拆解单位。二是贵屿的大买主到全国各再生物资集散市场收购电子废物，该部分包括国内产生的报废电子电器和国外非法进口的电子电器废物。由于国外来源属于非法进口，无合法登记手续，进口电子废物的接收量难以统计核实。三是部分规模较大的拆解单位自己外出寻找拆解货源。可以说为全国电子废物垃圾的回收利用作出了巨大贡献。

二、基本做法

（一）案例概况

贵屿当地自发的废旧物品回收利用行业发展正好缓解了当地发展初期的某些社会矛盾，而地方政府一开始对该行业所造成的污染问题估计不足，未能对当地产业的发展做出正确、科学的引导，造成贵屿电子废物拆解行业逐步呈现出点多面广、家庭作坊、管理松散、工艺技术水平和机械化程度较低等特点，最终导致以环境为代价换取经济增长的严重后果。经过多年的发展，贵屿当地几乎家家户户都加入了电子废物拆解行业，拆解单位和从业人员的数量庞大，拆解行业也的确从一定程度上繁荣了当地经济，当地大部分群众的收入得到了提高。环保部门的调查研究资料显示，贵屿镇废旧电子电器回收和电子拆解从业人员一度超过10万人，每年被提取的铜就达数万吨，不少人由此发家致富。

虽然贵屿当地的电子废物拆解产业整体规模庞大，但主要以遍布全镇大部分地区拆解各类电子废物的家庭式小作坊为主，这些家庭式小作坊普遍都存在工艺技术水平低、环保设施不完善、经营管理不规范等问题，且几乎所有家庭式小作坊均未通过环评审批、无工商与税务登记等手续，加之从业者环保意识、法律意识淡薄，拆解工艺粗暴，污染处理设施不足等，产生的废气、废水直接排放，不少村落沿街焚烧炉林立、恶臭难闻，从事酸洗的小作坊在北港河畔星罗棋布。走访时据当地老百姓回忆，当时整个贵屿镇废旧电器堆积如山、河水黑如墨汁、空气充满焦味，晚上家里常年开空调，不敢开窗户。经当时的资料估算，贵屿地区电子废物拆解过程中产生的污染物排放量严重超出国家相关标准。

中国环境科学研究院开展的有关贵屿镇环境质量现状调查的报告显示，土壤重污染区主要包括新乡村、联堤村、北林村、新厝村、后望村、湄洲村、凤新村和凤港村的部分或全部区域，该区土壤中污染物超标情况较为严重，超标的污染物种类也较多。贵屿镇主要地表水体（蟹窑水库、北港河、练江）重污染河段主要分布在北港河东西向贵屿境内河段、北港河靠近贵屿镇边界河段中上游、练江内溪冲沟出口处河段，以及练江下游水渠出口处河段，这些河段受电子废物拆解活动影响显著，尤其是北港河东西向河段沿岸集中了较多酸洗加工作业点，导致附近水体和底泥中重金属和持久性有机物含量均较高，污染严重。

贵屿镇经济发展与环境保护之间的矛盾也不断在环境恶化中凸显出来，其环境污染问题时常成为海内外舆论的焦点。从最早2000年11月1日《广州日报》率先披露了贵屿电子废物拆解的环境污染问题开始，随着国内媒体的不断报道，也引起了海外媒体的关注，特别是2003年绿色和平组织和中山大学联合做了一份《汕头贵屿电子废物拆解行业的人类社会学调查报告》揭示了贵屿镇面临极大的生态危机。此后，贵屿镇的电子废物拆解行业的环境严重污染问题就一直成为一些国际环保组织和媒体关注的焦点，甚至曾有新闻媒体用“家家拆解、户户冒烟、酸液排河、黑云蔽天”“世界上最毒的地方”等来形容贵屿，对当地、全省乃至全国形象都造成了十分恶劣的影响。

（二）决策过程、解决方案和实施过程

为从根本上改善贵屿地区的环境状况，促进贵屿地区电子废物拆解处理行业的绿色发展，省、市、区各级党委政府部门以习近平总书记提出的“要正确处理好经济发展同生态环境保护的关系，牢固树立保护生态环境就是保护生产力、改善生态环境就是发展生产力的理念，更加自觉地推动绿色发展、循环发展、低碳发展，决不以牺牲环境为代价去换取一时的经济增长”为指导，下定决心，主动作为，以保障人民群众身体健康为根本出发点，以彻底清除贵屿镇电子废物非法拆解行为和改善环境质量为目标，以“断源为主，修复为辅”为核心，以“疏堵结合”为基本思路，加强执法与监管力度，强化目标考核与责任追究，坚决严厉地开展电子废物拆解行业整治，积极推进循环经济产业园与环保基础设施的建设，科学引导环境修复、治理工程的实施，标本兼治，彻底改变了贵屿镇电子废物拆解行业的“散乱污”模式和环境污染现状。

1. 彻底关停和彻底整治的大讨论

2002—2010 年间，当地政府部门曾多次开展专项打击行动，对贵屿镇电子废物拆解业进行管制，但始终反反复复、久治不愈，陷入“污染—整治—反弹—再整治—再反弹”的恶性循环，未能使当地的环境状况从根本上产生逆转。

2007—2010 年，环保部委托中国环境科学院对贵屿镇土壤污染状况进行普查发现，当地大面积土壤受到不同程度重金属污染，多种主要农作物至少一种重金属超标。据当时汕头环保局局长回忆，2012 年 3 月 16 日，环保部向广东省政府通报贵屿镇环境污染情况，从那时开始，政府下大力气推进贵屿镇环境污染综合整治。

2012年3月，广东省环保厅、省监察厅联合对贵屿环境污染问题进行挂牌督办，省、市各级领导多次作出重要批示、多次到现场检查督导，明确要求2015年底前彻底解决问题。时任汕头环保局局长李成耀回忆，当时汕头市委、市政府每次开常委会和常委扩大会议时都有领导支持彻底关停，原因就是产业高污染，不符合汕头产业未来发展定位。但经过几十年的发展，贵屿全镇27个村（社区）有24个从事电子拆解，电子拆解产业已经成为当地的支柱产业和大部分群众的主要收入来源。如果彻底取缔、全行业退出，短时间内难以解决大量从业人员再就业，容易引发各种社会问题。所以也有领导提出彻底整治，疏堵结合。经过大量的谈论和综合分析利弊，最终方案基本确定彻底整治，疏堵结合方式对贵屿的环境进行综合整治。“堵”，就是加强打击，对所有的环境污染行为一抓到底，决不姑息；“疏”就是建设一个循环经济产业园区，配套环保处理设施，把所有电子废物拆解户全部搬迁入园生产，彻底解决贵屿的环境污染问题。

基于贵屿地区电子废物拆解行业的实际情况，参考《废弃电器电子产品回收处理管理条例》、《废弃电器电子产品综合利用行业准入条件》（征求意见稿）和《废塑料加工利用污染防治管理规定》（2012年10月1日起执行）等文件，制定了贵屿地区电子废物拆解处理行业整治方案和要求，主要在资源再生利用率、能源使用、工艺与装备、废物来源和去向、污染防治、职业安全与卫生等方面设定了标准与要求，以指导贵屿地区电子废物拆解处理行业实施综合整治。

2. 落实领导责任，强化环境整治各方力量

习近平总书记曾多次指出：“以人为本，其中最为重要的，就是不能在发展过程中摧残人自身生存的环境”。为解决贵屿环境污染这一沉疴顽疾，省领导多次作出重要批示、多次到现场检查督导。在2012年环保部通报贵屿污染状况监测结果后，广东省委、省政府高度重视，支持、指导和督促我市开展综合整治工作。2013年10月，时任省委书记胡春华亲临潮阳区贵屿镇，对污染整治工作进行现场调研、考察，对进一步加快推进贵屿环境综合整治工作指明了道路和方向，是首位亲临现场指导贵屿整治工作的省委书记。2014 年 9 月，胡春华书记连续多次对贵屿环境污染问题作出重要批示，对彻底解决贵屿环境污染问题的任务和时限提出了十分明确的要求。2015 年 7 月，胡春华书记再次到潮阳区贵屿镇，为环境综合整治工作加温鼓劲。朱小丹省长和许瑞生副省长不仅多次到汕头调研贵屿整治工作，而且多次召开专题会议研究部署下一步推进整治工作的措施。广东省委、省政府及有关部门从政策、资金、土地供应等方面也给了汕头市大力支持。2018 年以来，省财政安排贵屿整治资金已超 4.5 亿元。广东省环保厅主要领导、分管领导多次亲临贵屿整治工作现场，业务处室每月 1 次现场督查督办指导整治工作，为推进贵屿环境综合整治工作出谋献策、支招把脉。

时任环保局局长李成耀回忆：“贵屿环境综合整治所取得的成绩，是省委、省政府正确领导的结果，离不开省环保、发改、经信、监察、财政、国土、住建、水利、工商、编办等部门的支持指导。特别是胡春华书记、朱小丹省长、许瑞生副省长等领导多次在贵屿环境综合整治的紧要关头，作出重要批示，对彻底解决贵屿环境污染问题提出了明确的要求。上级领导和各界人士的关心支持，为我们增添了强大的信心和无穷的动力。”

汕头市、潮阳区还专门成立了贵屿环境综合整治工作领导小组，已基本建立健全了环境监督管理机制、环境监测机制、环境风险预警体系、领导考核与问责机制、环境污染举报制度、电子废物申报登记制度和排污许可制度。

市、区、镇党政主要领导也多次召开环境综合整治动员大会、专题督查会议等，统一市、区、镇、村四级干部思想，形成共识，凝聚合力，强力持续推进环境综合整治。据当地环保部门负责同志介绍，潮阳区委、区政府从 26 个区直部门中共抽调出 100 多人组成 26 个驻村工作组，与镇挂钩，联系村工作组，指导、督促、配合村开展各项整治工作。

3. 疏堵结合，强力落实拆解企业综合整治

按照广东省《汕头市贵屿地区电子废物污染综合整治方案》要求，结合汕头实际，制定印发了《全面完成贵屿电子废物污染综合整治任务工作方案》，明确了污染打击、环保基础设施建设、园区重点项目建设、镇容镇貌整治、环境质量监测等 5 个方面 23 项具体工作任务，细化任务分工，倒排工作时间节点，每个项目都落实责任单位和直接责任人。

由于电子废物拆解处理产业是贵屿当地大多数群众维持生计的重要手段，且拆解经营户数量较大，采用“一刀切”的方式关闭所有的拆解作坊并不现实。基于贵屿镇行业实际，采取“疏堵结合”的方式，主要包括以下两种情况。

一是“堵”，对电子垃圾非法来源及非法拆解行为，坚决打击取缔。以区联合打击组、贵屿环保分局、环保执法队为主要打击力量，区、镇、村工作组全力配合，从严、从快打击各种环境污染行为，包括彻底清除“三酸”非法购销，杜绝非法酸洗、露天酸浴以及危险化学品提取贵金属等野蛮拆解行为；彻底拆除冲天炉、高炉、煤炭炉等各种焚烧设施，消除煤炉加热拆解、露天焚烧、高压煲焚烧、高炉焚烧、烧烤电路板、危险废物简易填埋等行为；建立环境污染举报制度；组织跨地区（揭阳普宁）联合执法，严防非法拆解电子废物等环境违法行为向周边村镇扩散等。

据环保部门负责同志介绍，2012 年到 2015 年共组织各部门执法人员 2.2 万人次，实施检查 415 批次，共检查来往车辆 214566 车次，督促到园区进行交易 20677 车次，关停取缔园区外电子废物拆解企业 2469 户。拆除了 3245 套排气烟囱和集气罩，侦破涉环境违法刑事案件 14 宗，抓获刑事犯罪嫌疑人 22 名、行政拘留 22 人，缴获“三酸”约 63 吨，查扣违法货物 624 吨。

为防止污染行为的反弹，贵屿镇党委、政府时刻把环境监管工作作为日常一项重点管理工作来抓，一方面全面落实环境监管网格化管理机制，将环保监管任务细化分解到各村（居），层层传递压力，压实工作责

任。另一方面通过进一步加强区打击组、设卡组、贵屿环保分局、环保执法队、区镇驻村工作组的联动，切实加强巡查、监管、打击；同时加强对辖区内运载废旧电器货物车辆的检查，持续实施废旧电器货物集中交易制度，坚决从源头、运输环节上加强监管。

二是“疏”，对符合整治要求或经整改达到整治要求的拆解单位，参考《废弃电器电子产品回收处理管理条例》、《废弃电器电子产品综合利用行业准入条件》（征求意见稿）和《废塑料加工利用污染防治管理规定》（2012 年 10 月 1 日起执行）等文件，制定了《贵屿镇电子废物拆解处理行业整治要求》。在贵屿循环经济产业园区建成前，为解决暂时保留的众多分散拆解单位拆解行为合法性和依法有效监管问题，对符合整治要求或经整改达到整治要求的拆解单位，以环保审核为前置，工商、税务部门同步纳入登记，依法监管，依法纳税。

所有被暂时纳入管理的拆解单位必须同时承诺严格按照潮阳区政府安排，根据贵屿镇电子废物集中处理场建设进度，分期分批迁入集中处理场进行集中拆解。对经核查不符合整治要求且整改无望的拆解单位，立即取缔。对经核查不符合整治要求但可以整改的拆解单位，限期 1 个月内完成整改，经整改仍达不到整治要求的，依法取缔。

4. 做好矛盾预防，维护贵屿社会稳定

贵屿镇开展“散乱污”综合整治所面临的主要问题，归根结底是短期内如何有效化解环境保护与当地百姓经济利益之间的矛盾。省、市、区各级党委政府高度重视并提前预见到整治行动可能会诱发各种影响社会稳定的问题，提前采取措施，做好矛盾预防工作。

首先加强正面的舆论引导和舆情监控。一是加强新闻舆论引导，汕头和潮阳电视台要适当曝光贵屿环境污染现状，选择典型案例，适当曝光贵屿野蛮拆解电子废物违法行为导致的污染恶果，用铁的事实教育群众，宣传发动群众，同时，正面宣传综合整治行动的背景、意义和成效，引导广大群众和从业人员认清非法拆解电子废物的危害，主动配合和参与综合整治行动；二是加强舆情监控，防止境外媒体插手蓄意炒作，严防群体性事件发生，及时通过召开新闻发布会、发布公告等形式消除负面影响；三是建立环境污染举报制度，积极宣传发动群众，依靠群众开展专项整治行动，变“要我治”为“我要治”，倡导“同呼吸、共奋斗”，携手共建天蓝、地绿、水净的美丽家园。

其次做好拆解从业人员转产转业安排。根据电子废物拆解处理行业综合整治方案，贵屿镇很大一部分拆解单位面临停产转型。为让停产转型拆解单位的从业人员尽快走上符合自身实际的再就业道路，减缓电子废物综合整治工作给当地从业人员带来的冲击，维护社会安定，当地政府认真落实转产转业重点涉及的产业政策、财税政策、资源政策和劳动保障政策，设立转产转业专项资金，为转产转业人员提供税收减免、小额担保贷款、免费职业介绍、一次性职业培训补贴等各项再就业资金扶持政策。

5. 特事特办，推进循环经济产业园区建设

贵屿循环经济产业园区于 2013 年启动建设，根据《汕头市贵屿地区电子废物污染综合整治方案》（粤环〔2013〕30 号）的要求和《贵屿地区电子废物污染综合整治验收细则》（粤环函〔2015〕789 号）文件要求，园区必须于 2015 年底建成废旧家电整机拆解厂、工业污水处理厂、危废转运站、湿法冶炼、火法冶炼、废弃机电产品集中交易装卸场、集中拆解楼（包括塑料造粒区）、废塑料清洗中心等项目。

2014 年 12 月底基本建设了足以容纳贵屿所有已纳管的电子废物拆解户入园的拆解楼和通用厂房，并引导园区外拆解户入园生产；2014 年 12 月底编制完成园区统一规划、统一建设、统一运营、统一治污、统一监管的五个统一机制，申请废弃电子电器产品及线路板的经营资质，实现规范园区管理，确保园区运行正常有序。2014 年 12 月底启动物流配套中心的建设和电子元器件交易市场升级改造，2015 年 6 月底前完成；2014 年 12 月动工建设园区内工业污水处理厂，于 2015 年 12 月底建成投入运行。同时，占地86亩的废弃机电产品集中交易装卸场、投资1380万元的危险废物转运站，以及综合管理大楼、贵屿生活污水处理厂、工业污水处理厂、牛头山生活垃圾填埋场等建成也在2015年纷纷开始投入使用，为废旧电子电器货物拆解行业实现正规化、规模化、无害化发展提供了有力支撑。

2015年底循环经济产业园区按期建成，同时引导拆解户以行业类型、亲缘关系、地缘关系等为基础组建成29家公司进驻园区生产，推动个体经营向集体经营、公司化经营转变。

在调研过程中我们从园区管委会获悉，他们已经积极招商引资，加快转型升级，引进了TCL集团等技术先进、资金实力较强的企业，进行合作建设、经营发展，优势互补，借势发力，形成贵屿地区前所未有的合作、合资经营模式，实现了园区环保设施升级改造、通用厂房的投入建设、治污设施的配套、环保设施的运营管理等。组织高校、科研机构、专家团队攻坚突破技术难关，对现有贵屿拆解业工艺流程进行再造，逐步推行封闭式和自动化生产，其中，引进的中节能火法冶炼项目填补了国内空白，项目的运营可以杜绝以前通过高炉焚烧造成严重污染的现象，广东工业大学湿法冶炼项目采用国际最先进的MVR蒸发结晶设备，解决酸洗过程中压缩机腐蚀的问题，实现污水零排放。通过建设园区信息化管理平台，做到全面了解和掌握园区物料入园、园中周转和出园的详细信息和数据，对园区货物交易进行有效监督、管理等。目前，园区内电子拆解类企业主要包括手工拆解、塑料造粒、烤板三大类，共有企业80家，从业人员约3500人，2016—2018年，年均产值分别为10.35亿元、17.5亿元、14.65亿元。

6. 坚持多方争取，强化环境整治和园区建设资金保障

据园区管委会主任介绍，仅园区建设已投入15.3亿元，通过坚持多方争取，强化环境整治和园区建设资金保障。一是区财政优先投入。区政府直接拨款9516万元，借款3.46亿元，累计达到4.4亿元。二是争取上级支持。省政府直接拨款1.56亿元，并给予我区3亿元贴息贷款支持。市政府直接拨款4630万元、借款3亿元支持我区建设。三是向银行融资贷款。以股份抵押，向建设银行贷款 1 亿元。四是引进社会资本。与汕头市德庆电子电器拆解有限公司合作首期园区开发建设，与 TCL 集团合作建设废旧家电整机拆解项目，与中国节能环保集团合作火法冶炼项目，借助大企业的资金实力推进园区建设及整治工作。截至目前，相关企业共投入园区建设资金约 5 亿元。

7. 污染治理见成效，镇容镇貌换新颜

截至目前已基本完成了广东省《贵屿地区电子废物污染综合整治验收细则》6 个方面 24 项任务，环保基础设施配套齐全，生活污染得以集中处理，工业污染得以有效控制，严重污染的局面得到彻底遏制，区域环境质量得到全面提升，镇容镇貌得到明显改善，困扰二十多年的环境污染问题得到基本解决。

经过一系列专项整治措施，当地镇容镇貌大有改观。投入资金约 1.12 亿元，全面拆除园外涉及 17 个村（居）烤板拆解经营单位的 3245 套排气烟囱和集气罩，完成仙马、华美、南安等村（居）约 300 亩垃圾堆积地的整治，以及北港河等约 60 公里河道、沟渠的清淤清障，积极开展植树造绿工作，镇容镇貌持续改善。

北港河上游军寮断面至下游潮港桥断面水质从整治前的酸性环境改善为中性环境，北港河主河道水质铅、砷、镉、铜、镍和汞的含量均达到Ⅲ类地表水的标准；空气环境中常规指标和重金属镉、铅、砷、汞及其化合物等指标均达到《环境空气质量标准》年平均浓度的二级标准，北林村作为贵屿镇废旧电器电子火法拆解的集中区域，2018 年空气中铅和铜浓度较 2012 年分别下降 70.07% 和 75.75%。

北港河底泥中重金属含量分别比 2010 年明显下降。北港河 pH 值从 2010 年的酸性环境改善为中性环境，北港河原有水质酸性污染不复存在；空气环境中常规指标和重金属镉、铅、砷和汞及其化合物等指标均符合《环境空气质量标准》年平均浓度的二级标准。

如今的贵屿镇空气、水质、土壤等明显好转，青山再绿、北港河又见清水。贵屿镇一片生机勃勃，正向着一条绿色发展的新路稳步前行……

三、案例点评（经验与启示）

（1）2012年以来，贵屿所在地区积极践行习近平生态文明思想和“保护生态环境就是保护生产力、改善生态环境就是发展生产力”等的发展理念，转变思想认识，坚持问题导向、系统整合资源，树立创新意识，以“疏堵结合”的模式推进“散乱污”综合整治创新实践并取得良好成效，为其他地区及相关产业实现绿色发展提供了一定的借鉴启示。

（2）鉴于贵屿案例的教训与经验，各级地方政府必须深刻领会和自觉贯彻习近平生态文明思想，坚持绿水青山就是金山银山，必须整体地认识群众需求与公共利益，树立正确的政绩观；在此基础上整合力量，统筹全局、综合施策，在保护和修复生态环境的过程中促进经济转型升级，在经济转型升级过程中不断推进绿色发展，不断满足人民日益增长的美好生活需要。

（3）2012年以来的贵屿综合整治工作疏堵结合、标本兼治，充分整合各级政府、政府各部门与各基层组织力量形成合力，在着力解决眼下问题的同时充分顾及群众的切身利益，并以朝着实现经济转型升级、推进绿色发展的方向将二者有机结合，反映了对群众利益的整体性认识，实现了对系统性问题的整体性治理，并通过对群众的宣传获得理解和支持，实现了从根本上解决问题。

作者简介

赵超，中共广东省委党校（广东行政学院）决策咨询研究中心副主任、副教授。

央地协作，全民参与：人与自然和谐共生

——海南热带雨林国家公园体制试点创新实践

2018 年 4 月 13 日，习近平总书记出席海南建省办经济特区 30 周年庆祝大会并发表重要讲话，要求海南积极开展国家公园体制试点，建设热带雨林等国家公园，构建归属清晰、权责明确、监管有效的自然保护地体系。2019 年 1 月 23 日，习近平总书记主持召开中央深改委第六次会议，审议通过《海南热带雨林国家公园体制试点方案》，要求按照山水林田湖草是一个生命共同体的理念，创新自然保护地管理体制机制，实施自然保护地统一设置、分级管理、分区管控，把具有国家代表性的重要自然生态系统纳入国家公园体系，实行严格保护，形成以国家公园为主体、自然保护区为基础、各类自然公园为补充的自然保护地管理体系。2019 年 10 月 28 日，习近平总书记在十九届四中全会上的重要讲话中再次强调，支持海南建设国家生态文明试验区，开展海南热带雨林国家公园体制试点。

一、走进海南热带雨林国家公园

2012 年 4 月 9 日，《光明日报》头版头条刊载了一篇通讯《选择一种有远见的生活方式》，这篇报道让鹦哥岭这座寂静的大山“一夜成名”，鹦哥岭团队精神走向全国的同时，也勾起了人们对这片远离世俗尘嚣的海南热带雨林的无尽遐想。随后，先后有几十家媒体深入鹦哥岭采访报道，

近千家网站转发27名大学生的先进事迹。

鹦哥岭是海南热带雨林的一部分，因其主峰山巅像鹦鹉嘴而得名。2004年，海南省政府批准成立鹦哥岭自然保护区，总面积500多平方公里，成为当时海南省陆地面积最大的自然保护区，该保护区内分布着完整垂直的谱带，在我国热带雨林生态系统保存上独占鳌头。但是，随着越来越多的毁林开荒，鹦哥岭的生态环境和生物多样性遭到了严重破坏，再不保护和修复，未来将影响全岛人民的生存。2007年，27名大学生来到了鹦哥岭，其中有2名博士、4名硕士、21名本科毕业生，他们是由海南省林业局面向全国高校招募来的，目的是要重建鹦哥岭自然保护区工作站。2013年6月18日中央电视台《焦点访谈》曾专门报道海南鹦哥岭青年团队先进事迹，“这批队员已在鹦哥岭发现了伯乐树、轮叶三棱栎等国家一级保护植物；鹦哥岭树蛙、圆鼻巨蜥等国家一级保护动物；发现科学新种20个、中国新记录种24个、海南新记录种190个，科研成果填补了国内多项空白”。

除了鹦哥岭自然保护区以外，海南还有11个热带雨林自然保护区，总面积有2000余平方公里。海南热带雨林蕴藏着丰富多样的生物资源，其盛衰消长将直接影响全岛人类的生存条件。如原鹦哥岭自然保护区被誉为海南的水塔，保障着半个海南岛的生产生活用水。海南热带雨林是世界热带雨林的重要组成部分，是热带雨林和季风常绿阔叶林交错带上唯一的“大陆性岛屿型”热带雨林，是我国分布最集中、保存最完好、连片面积最大的热带雨林，拥有众多海南特有的动植物种类，是全球重要的种质资源基因库，是我国热带生物多样性保护的重要地区，也是全球生物多样性保护的热点地区之一。

2018年4月13日，习近平总书记出席海南建省办经济特区30周年庆祝大会并发表重要讲话，要求海南积极开展国家公园体制试点，建设热带雨林等国家公园，构建归属清晰、权责明确、监管有效的自然保护地体系。随后，在党中央的高度重视、国家林草局等部委的鼎力支持以及省委省政府的强力管理下，在省直各部门和各相关市县的共同努力下，海南牢固树立和认真践行“绿水青山就是金山银山”的理念，通过制度创新，将各级各类自然保护地整合划入国家公园试点区，并新增保护地面积 1959 平方公里，将占海南岛面积 1/7 的 4403 平方公里土地划为国家公园试点，实行统一管理、整体保护和系统修复，通过印发试点方案、完善规划体系，成立国家公园管理局和国家公园研究院，并开展海南长臂猿保护研究、核心保护区生态搬迁和国家公园立法工作，有序推动国家公园项目建设，体制试点工作蹄疾步稳、亮点纷呈。

2019 年 1 月 23 日，习近平总书记主持召开中央全面深化改革委员会第六次会议，审议通过了《海南热带雨林国家公园体制试点方案》（以下简称《试点方案》）。海南热带雨林国家公园体制试点是继三江源、东北虎豹、大熊猫、祁连山国家公园体制试点以来，中央审议通过的第五个国家公园体制试点方案。《试点方案》按照《建立国家公园体制总体方案》要求，以热带雨林生态系统原真性和完整性保护为基础，以热带雨林资源整体保护、系统修复和综合治理为重点，以实现国家所有、全民共享、世代传承为目标，通过理顺管理体制，创新运营机制，健全法治保障，强化监督管理，推进热带雨林科学保护和合理利用。

二、央地协作：国家林草局和海南省统筹推进国家公园建设

海南热带雨林国家公园范围广、要求高、任务重，不仅需要大量的人力、资金投入，并且还需要多项制度改革，对于海南省来讲，实属一项重大挑战。为了解决各类制度难题，国家林草局等中央部委为海南热带雨林国家公园建设提供了强有力的支持。国家林草局（国家公园管理局）和海南省委、省政府联合成立了领导小组，充分调动了国家部委和省级政府两个层面的积极性，这种国家部委和省协作强力推进机制是全国首例。国家

林草局局领导先后10余次到海南调研指导，并先后委派20多位司长到海南调研指导。中央编办在中央深改委审议通过试点方案后不到一个月就批复在海南省林业局加挂海南热带雨林国家公园管理局的牌子。自然资源部直接帮助海南开展自然资源统一确权登记。2020年11月26日，自然资源部党组书记、部长陆昊同志一行专门深入海南热带雨林国家公园黎母山分局进行调研，并召开国家公园管理体制机制座谈会。国内外各领域专家也以多种方式多次为海南热带雨林国家公园体制试点问诊把脉、出谋划策，多次帮助海南解决试点中遇到的重点、难点问题。

海南省委、省政府深刻认识生态环境的重要性，将海南热带雨林国家公园体制试点作为一项重大政治任务来抓，在海南全岛建设自由贸易港面临建设土地紧缺的背景下，高瞻远瞩，以壮士断腕的魄力和决心，将占海南岛面积1/7的4403平方公里土地划为国家公园试点区，较原12个自然保护区增加了1959平方公里。与此同时，海南将开展热带雨林国家公园体制试点确定为全面深化改革开放的第一批12个先导性项目之一和建设国家生态文明试验区的三大标志性工程之首。两届海南省委、省政府主要领导带头研究推进具体工作，及时出台配套政策，只要是国家公园的事，省委、省政府都第一时间研究，高位推动。海南省委常委会多次研究国家公园建设的重大事项，为国家公园把向稳舵。海南省人大加快国家公园立法，专门增开一次常委会审议《海南热带雨林国家公园条例》《海南热带雨林国家公园特许经营管理办法》，又专门组织省十三届全国人大代表开展专题调研活动，帮助解决国家公园体制试点过程中遇到的重点和难点问题。海南省政府多次召开常务会、专题会部署推进国家公园建设工作。海南省政协把国家公园管理体制机制作为政协主席重点督办提案协商解决。领导小组各成员单位、省直各部门和相关市县政府各司其职、通力配合，先后建立了省级与区域协调委员会、省县生态搬迁领导小组，还创新了国家公园管理局与试点范围内市县干部交叉任职、社区细条委员会等机制，不仅将工作任务逐一落实到责任人，明确时间表、路线图，还凝聚了推进工作的强大合力。

沈晓明书记自上任以来多次召开会议研究部署国家公园建设，先后作出 20 余次具体指示批示并多次到国家公园调研指导。2020 年 12 月 10 日，沈晓明书记召开“把绿水青山、碧海蓝天留给子孙后代”专题调研座谈会，特别强调要把推进国家生态文明试验区标志性工程建设作为重要抓手，加快推进热带雨林国家公园建设等重点工作。2021 年 2 月 8 日，沈晓明书记赴五指山市开展巡林工作期间，以不打招呼、直奔现场的方式到畅好乡突击检查，到毛阳镇林业工作站调研林长制落实情况。2020 年 12 月 11 日，时任省委副书记、代省长冯飞到国家公园五指山分局调研并召开座谈会。截止到 2021 年 2 月，国家公园建设工作推进领导小组先后共召开 12 次领导小组会议研究推动具体工作，省委副书记李军和副省长冯忠华亲力亲为，并多次深入中部山区解决实际问题。

在国家相关部委强力支持和海南省委、省政府强力推进下，领导小组落实分工、攻坚克难，成员单位积极参与、协同推进，海南热带雨林国家公园体制试点进展迅速，成果丰硕。2020 年 9 月，国家公园体制试点评估验收组来到海南热带雨林国家公园进行实地核查验收，专家组对建设工作开展情况给予了充分肯定。

三、首创扁平化管理体制和双重管理综合执法机制

2019 年 4 月 1 日，海南热带雨林国家公园管理局在吊罗山国家级自然保护区揭牌成立，国家林业和草原局（国家公园管理局）局长张建龙、海南省长沈晓明为新成立的热带雨林国家公园管理局揭牌。这不仅是海南生态文明

建设的一件大事，还标志着国家公园试点工作进入了全面推进的新阶段[①]。

海南热带雨林国家公园体制试点建设的首要问题就是要理顺管理体制，管理局挂牌之后，省林业局和省委编委会对全局内设机构职能和试点区内12个自然保护地机构职能进行整合。一是对省林业局（海南省热带雨林国家公园管理局）新增四项职能[②]。二是在省林业局原8个处室的基础上新增热带雨林国家公园处和森林防火处2个处室，并相应增加编制，同时在自然保护地管理处加挂执法监督处、林业改革发展处加挂特许经营和社会参与管理处。三是整合成立二级管理机构，将试点区内原12个自然保护地整合组建为尖峰岭、霸王岭、吊罗山、黎母山、鹦哥岭、五指山、毛瑞等7个分局，均为正处级公益一类事业单位，核定事业编制219名，实现了国家公园扁平化的两级管理体制。

2020年9月28日，海南热带雨林国家公园管理局霸王岭分局举行执法大队揭牌仪式，霸王岭分局、昌江县综合行政执法局、东方市综合行政执法局相关负责人共同为昌江县综合行政执法局国家公园执法大队和东方市综合行政执法局国家公园执法大队揭牌。

霸王岭分局执法大队揭牌仪式缘何有三家单位参与揭牌，而揭牌内容又分别是昌江县综合行政执法局和东方市综合行政执法局两个国家公园执法大

① 党的十八届三中全会决定首次提出建立国家公园体制。2015年9月，中共中央、国务院印发的《生态文明体制改革总体方案》，对建立国家公园体制提出了具体要求，要求改革分头设置自然保护区、风景名胜区、文化自然遗产、地质公园、森林公园等体制，构建以国家公园为代表的自然保护地体系。据悉，我国有各类以自然保护地、风景名胜区、地质公园和森林公园等为主体的各种保护地，涉及的管理部门有林业、环保、住建、国土、农业、海洋、水利、教育、旅游等十多个部门，管理层级通常有国家和地方两级，有些在地方级中还分设省、市（县）级，其中自然保护区的情况比较典型。这导致各种保护地缺乏总体的、科学完整的技术规范体系。所以，我们需要建立的国家公园并不只是公园实体，关键是国家公园管理体制。

② 新增履行国家公园范围内的生态保护、自然资源资产管理、特许经营管理、社会参与管理、宣传推介等职责；承担组织编制并执导实施全省森林火灾防治规划标准，开展防火巡护、火源管理、防火设施建设、火情早期处理等职责；承担国家公园范围内生态环境保护综合行政执法职责；负责协调与当地政府及周边社区关系。

队？原来这是海南热带雨林国家公园管理局独创的双重管理机制。由于海南热带雨林国家公园管理局和各分局人员编制有限，而执法工作又繁重，综合执法无法有效落实成为一大难题。为此，海南热带雨林国家公园管理局设置了执法监督处，牵头负责指导、监督、协调国家公园区域内综合执法工作。国家公园区域内其余行政执法职责实行属地综合行政执法，由试点区涉及的9个市县综合行政执法局承担，单独设立国家公园执法大队，分别派驻到国家公园各分局，再由各市县人民政府授权国家公园各分局指挥，统一负责国家公园区域内的综合行政执法①。故此，国家公园霸王岭分局的执法队员分别来自昌江县综合行政执法局和东方市综合行政执法局，再由霸王岭分局管理。

四、开创集体土地与国有土地置换新模式，群众安心搬出大山

2020年11月24日，位于白沙县城附近牙叉镇茶园北路的高峰新村迎来了一个好日子，首批20余户村民从五六十公里外的白沙南开乡高峰村搬迁至此，大伙按照当地习俗，在新家摆上几桌菜肴招待亲朋好友。

“盼了好久，终于搬过来了！”“这里距县城顶多三四公里，真方便！”“这两层小楼的采光多好！”“搬出大山好啊！”走在村子里，可以听到到处是村民们的感叹。

高峰新村是生态搬迁村庄，共有59栋联排两层小楼，用于安置118户居民，每户房屋面积有115平方米，屋外红梁白墙，雕饰着精美的黎族图案；屋内楼上楼下共计4室1厅，尤为宽敞明亮。此外，家家户户门前均配有庭院，可用于种植果树。

2020年12月31日，白沙黎族自治县南开乡高峰村村委会方通村、方红村和方佬村三个自然村118户498人全部完成生态搬迁，住进了牙叉

① 试点区内的森林公安继续承担涉林执法工作，由海南省公安厅和林业局双重管理。

镇高峰新村颇具黎族风情的二层楼房。除此之外，政府按照每人 10 亩的补偿标准，在高峰新村附近置换出 5480 亩（包含村集体生产用地 500 亩）的橡胶地。

2021 年春节是高峰新村搬出大山的第一个新年，全村洋溢着喜庆的氛围。农历大年初一早上，75 岁的村民符亚大手脚麻利地搬出一面略显陈旧的牛皮鼓放在新居门前，抡起两支鼓槌敲得格外欢快。据悉，这次搬家由于路途偏远不便，他几乎舍弃了老家里的大多“老物件”，但把这面陪伴了 30 多年的牛皮鼓带到了新居，就是为了“忆苦思甜”。

原高峰村位于海南省白沙黎族自治县南开乡，地处热带雨林国家公园核心区域。由于山路难行，这座黎族村寨几乎与外界隔绝。2015 年前，居住着百余户村民的高峰村是白沙的深度贫困村，下辖的 5 个自然村不通电、没有网络，手机信号也很差，除种植橡胶外，几乎没有其他收入来源。

为了更好地保护生态环境并帮助村民增收，2015 年，白沙启动高峰村首轮生态搬迁工作，高峰村坡告、道银两个自然村约 30 户村民于 2017 年 1 月搬至山脚下新建的银坡村。2018 年，海南对热带雨林公园最核心区域的高峰村启动了第二轮生态搬迁。

这次生态搬迁实施户口分房政策，村民符文强与儿女们共分得 3 套新居。除此之外，符文强还激动地表示，“我们一家 9 口人，每人获得 10 亩可开割的橡胶林，自己也被安置为护林员，每月有 2000 元左右的收入！”

这一切都得益于海南在生态搬迁方面做的各项制度创新。为做好生态搬迁工作，海南热带雨林国家公园建设工作推进领导小组协调各相关机构和市县多次讨论，坚持依法依规、公开公平公正，尊重群众意愿、有土安置为主，节约用地、集中居住的原则，由白沙县政府统一规划建设新村进行安置，并将安置点附近海胶集团的橡胶地作为新村村民的生产用地。这样的生态搬迁方案需要多层级的协同管理和体制创新，一是创新土地权属转化方式。在搬迁过程中，以自然村为单位，实行迁出地与迁入地的土地所有权置换，迁出地原农民集体所有的土地全部转为国家所有，迁入地原国有土地全部确定为农民集体所有。置换双方权属为集体和国有，土地性质为建设用地和非建设用地。二是建立集体和国有土地置换评估方式。在实施置换前，由政府组织开展拟置换土地（迁入地和迁出地）的土地现状调查并进行实地踏勘，摸清土地权属、地类、面积以及地上青苗和附着物权属、种类、数量等情况，市县自然资源和规划部门委托有资质的第三方评估机构按照相关估价规程开展土地价值评估，经集体决策合理确定拟置换的土地地块价值。三是赋权所有权人权能。赋权政府、迁出地集体、迁入地集体（农垦）三方的权能。迁入地用地原属于集体土地的，政府依法办理土地征收审批手续后进行置换，原属于国有土地的，市县政府依法收回国有土地后进行置换或者与农垦国有土地使用权人直接协商置换。四是建立土地增减挂钩模式。迁出地建设用地复垦为林地等农用地腾出的建设用地指标，可按照建设用地增减挂钩的原则用于迁入地安置区建设，不再另行办理农用地转用审批手续。

2021 年 2 月 22 日是海南春季学期开学的第一天，对于高峰新村的孩子们尤为特殊，因为全村 60 余名适龄学生全部实现就近入学，这一天他们将分别踏入新的学校。

生态搬迁搬出了村民们的幸福生活，正如村民符政海新年贴的春联“走遍山村皆富户，书成福字贺新春”，横批是“不忘党恩”！

五、组建海南国家公园研究院，打造国际科研合作平台

2020 年 1 月 5 日，海南国家公园研究院举行共建签约仪式，宣布正式成立。国家林业和草原局（国家公园管理局）副局长李春良、海南省委副书记李军、海南省副省长冯忠华出席共建签约仪式。

这是海南探索国家公园体制和机制创新的又一重大举措。

海南国家公园研究院由海南热带雨林国家公园管理局联合海南大学、中国热带农业科学院、中国林业科学研究院、北京林业大学共同组建，在海南登记为事业单位法人，可充分整合五方的人才优势和学科优势，整合海南、北京乃至全国的资源优势。研究院实行理事会领导下的执行院长负责制，世界自然保护联盟总裁兼理事会主席章新胜任研究院第一届理事长，海南热带雨林国家公园管理局局长夏斐任第一届常务副理事长。研究院以项目为导向，面向全球科学家开放，柔性引进高层次及特许人才，不求所有，但为所用。目前，研究院已汇集国内外300多名生物学、生态学、法学、经济学等优秀人才，并与世界自然保护联盟、世界自然基金会等国际机构开展广泛合作，建立伙伴关系。

除此之外，研究院还向国家林草局申请成立海南长臂猿保护研究中心并得到批复，“海南长臂猿保护国家长期科研基地”入选第二批国家林草局名单。依托海南国家公园研究院开展海南长臂猿研究全球联合攻关是海南热带雨林国家公园的又一创新，通过开展国际专题研讨、组建保护研究中心和科研基地等方式，已召开7次海南长臂猿保护国际研讨会，在国内外相关领域产生了积极影响。

2020年8月29日，国家公园霸王岭分局的东崩岭发现E群（第五群）长臂猿喜添幼崽，海南长臂猿种群数量从2003年的2群13只增加到了5群33只。自海南热带雨林国家公园挂牌成立后，护林员巡山时都多了一项任务——做长臂猿生存环境调查，并且将网格样线从原来的1000米缩小到500米。

海南长臂猿是全球现存数量最少的灵长类动物，作为热带雨林旗舰物种，它们的生存状况反映着雨林的生态健康情况。

2014年强台风“威马逊”袭来，造成海南长臂猿栖息地多处山体滑坡、水土流失严重。2016年以来，海南实施了长臂猿栖息地恢复工程。过去对海南长臂猿的保护手段主要是单一的禁猎，现在国家公园管理体制下，坚持生态优先理念，保护热带雨林的生物多样性，恢复整个热带雨林。

海南国家公园研究院已经制定并实施《研究院2020年两千万科研项目方案》，面向全球招募5个科研项目的负责人，推进海南场边保护联合攻关。目前，研究院正在组织开展迄今为止参与机构最多、层次最高、人员最多的海南长臂猿大调查，为制定更加科学、有效的海南长臂猿保护研究方案奠定基础。2020年12月17日，世界自然保护联盟和海南国家公园研究院联合发布《全球长臂猿保护网络协议》，在国内外产生广泛影响。

作者简介

娄瑞雪，中共海南省委党校（海南省行政学院）哲学教研部副教授。

完善环境信用评价
健全生态文明规制

——以厦门市破解环境信用评价合法性质疑等问题为例

当前，我国迫切需要建立环境管控的长效机制，让环境管控发挥绿色发展的导向作用，有效引导企业转型升级，推进技术创新，走向绿色生产。正如习近平总书记 2017 年 5 月 26 日在主持中共中央政治局第四十一次集体学习时指出："要完善经济社会发展考核评价体系，把资源消耗、环境损害、生态效益等体现生态文明建设状况的指标纳入经济社会发展评价体系，使之成为推进生态文明建设的重要导向和约束。"党的十九大报告也明确指出，"提高污染排放标准，强化排污者责任，健全环保信用评价、信息强制性披露、严惩重罚等制度。构建政府为主导、企业为主体、社会组织和公众共同参与的环境治理体系"。在自然环境污染和生态失衡的威胁下，环境规制需求不断增大，环境规制工具创新层出不穷。在这样的背景下，旨在推进环境信息透明度、促进环境义务有效履行的环境信用评价制度日益彰显其重要性。

一、背景情况

厦门市位于台湾海峡西岸中部、福建省东南端、闽南金三角的中心。全市境域由福建省东南部沿厦门湾的大陆地区和厦门岛、鼓浪屿等岛屿及厦门湾组成。隔海与金门县、龙海市相望，陆上与南安市、安溪县、长泰县、龙海市接壤。现辖思明、湖里、海沧、集美、同安、翔安6个区。截至2019年，全市陆地总面积1700.61平方公里（历年总面积因填海造地等因素有所变化），常住人口429万人，户籍人口261.10万人，常住外来人口达221万人。通行闽南方言，相传远古时为白鹭栖息之地，故又称“鹭岛”。

厦门属于亚热带海洋性季风气候，温和多雨，年平均气温约21℃，四季划分不明显，夏无酷暑，冬无严寒。年均降雨量约1200毫米，每年5—8月雨量最多，沿海地区多风且风力较大，常年风力一般3～4级。地形由西北向东南倾斜，依次分布着高丘、低丘、阶地、海积平原和滩涂，南面是厦门岛和鼓浪屿。空气质量优良率居全国前茅，曾获“全国文明城市”五连冠、联合国人居奖、国际花园城市、中国宜居城市、国家园林城市、国家森林城市、国家旅游休闲示范城市等殊荣。

厦门是副省级城市、计划单列市，我国首批实行对外开放的四个经济特区之一、国际性港口风景旅游城市、“海丝”战略支点城市。厦门是我国创新创业的一方热土，习近平总书记曾赞誉厦门为“高素质的创新创业之城”和“高颜值的生态花园之城”。改革开放40多年来，厦门市GDP年均递增15.4%，财政总收入年均递增18.5%，每平方公里创造经济总量和财政收入、人均生产总值、人均财政收入、外贸竞争力等指标全国领先，规上高新技术产业增加值占规上工业比重近70%；是全国最高等级国际性综合交通枢纽，中国重点建设的四大国际航运中心之一，港口集装箱吞吐量超千万标箱，全球排名第14位，空港国际航线35条；是两岸融合发展的第一家园，中国营商环境最佳城市之一，营商环境竞争力居全国试点城市评价第二，曾获得中国十大自主创新城市、世界银行投资环境“金牌城市”。

二、基本做法

近年来，随着我国生态文明建设的深入开展，环境信用评价作为创新型环境规制工具应运而生。2014 年，厦门市启动了环境信用评价专项工作。在完成机构设立、办法制定、平台搭建等重点前期工作基础上，2016 年正式开始对全市范围内开展生产经营活动的企事业单位、个体工商户进行环境信用评价。经过多年的实践推进，厦门市环境信用评价实现了由一部门实施到多单位联动、由单纯评价到综合运用、由一地开展到省域携手合作的阶段性成果。但与此同时，厦门环境信用评价实践也遭遇了合法性质疑、体制瓶颈、技术悖论、成效障碍等诸多方面的现实问题。随着党的十九大报告明确将“健全环境信用评价”作为“着力解决突出环境问题”的核心举措之一，及时破解合法性质疑、消除体制瓶颈、化解技术悖论、排除成效障碍，成为提升厦门市环境信用评价工作水平与工作效果、回应生态保护与环境规制时代要求的必由之路。

1. 关于环境信用评价的合法性质疑

目前，国内各地环境信用评价普遍存在对《环境保护法》的片面理解、限制性措施设定依据层级较低、对环境行为主体的权利限制与环境规制目标不成比例等现象。这些现象所带来的合法性质疑，在厦门实践中也实际存在，具体表现在以下几个方面。

第一，环境信用监管模式存在对《环境保护法》及环境信用评价宗旨的片面理解。比如说，厦门市目前采取的等级评价、“红黑名单”管理模式属于信用监管常用的“行为记录”工作模式，即根据特定监管目标与监管标准建立被监管对象的信用档案，将其守信与失信行为记录在案。这种“行为记录”工作方法表面上拥有《环境保护法》提出的将环境违法信息“记入社会诚信档案”的法律支持，但在实际操作中，“行为记录”模式的核心目的偏重于标记严重违法行为，即将具有严重环境违法行为的主体与其他主体相甄别，而环境信用评价的核心宗旨理应更加偏重于行为主体环境友好的整体表现，因此，这种工作方法事实上表现出与环境信用评价宗旨有所背离的运行轨迹。

第二，行政法规的针对性、可行性有待提升。作为环境信用评价的依据，生态环境部等四部委联合印发的《企业环境信用评价办法（试行）》是国家层面关于企业环境信用评价工作要求和标准的最高指导文件。但是不难发现，其中有很多条款和标准并不适用于大多数参与评价的企业，对地方环境信用评价工作的推进没有起到应有的指导作用。例如，在厦门执行环境信用评价的过程中，主要涉及三类利益群体，分别是企业单位、区（镇）政府以及负责信用评价和管理的市区环保行政部门。与这三个利益群体有直接联系的政策依据部分欠缺灵活性和可操作性，未能切合实际，使企业参与评价的主动性不高、区（镇）政府缺乏积极性、市区环保行政部门无计可施。

第三，针对环境失信采取限制性措施的合法性有待确认。虽然《环境保护法》中有记入“社会诚信档案”的原则性规定，但环境信用评价的基本制度安排，尤其是失信联合惩戒中所涵盖的诸多限制性措施，均主要依靠地方规范性文件进行设定，处于无统一立法进行规范的状态。此外，在既有行政处罚措施之外，由政府主导的基于失信评价对社会行为主体在诸多领域的资格进行限制，既可以被理解为超越“一事不再罚”法理的二次制裁，也可以被理解为政府预设环境表现不良主体获得这些机会后会对环境造成更大损害的预防性制裁。无论如何理解，通过“一揽子”限制方案对社会行为主体进行制裁，与“禁止过度”的比例原则要求较难实现兼容。

针对环境信用评价的合法性质疑，厦门市先后制定出台《厦门市环境保护条例》（2004）、《厦门市环境信用评价及信用管理办法（试行）》（2015）、《厦门市守信联合激励与失信联合惩戒暂行办法》（2017）、《厦门市环境保护信用信息管理实施细则》（2019），确保环境评价工作全过程都有相应的制度安排。此外，在评价指标方面，2019 年以前，厦门市对工业企业、环境影响评价机构、社会化环境监测机构和危险废物经营机构的环境信用评价分别建立指标，让各类评价实施有章可循。同时，细化国家《企业环境信用评价指标及评价办法（试行）》的指标标准，对工业企业的评价，从逐项按标准档次打分改为逐项依标准扣分，使评价更公平、更刚性、更易量化；优化“一票否决”情形，增加“从重扣分”和“鼓励加分”的情形，使评价更有弹性和激励作用。在评价佐证材料方面，2019年以前，厦门市以参评对象年度内环境行为信息为评价佐证基础材料；2019年起，改为以参评对象现有的环境行为信息为评价佐证基础材料。评价佐证材料归集后，环保部门召集参评对象、专家根据评价指标及评分方法对材料进行逐一核对，使参与评价人员都明确评价实施的具体信息和依据，确保评价实施有据可依、有证可查。2019年起，厦门市根据福建省生态环境厅发布的《福建省企业环境信用动态评价实施方案（试行）》，对企业环境信用评价采用了动态评价办法，不仅根据本地实际情况进一步扩大了评价范围，而且在评价指标中增设了信用修复周期，使等级评价更进一步贴近企业现有的信用状况，一定程度上解决了信用等级周期固化给企业与社会带来的不便，也缓和了针对环境失信采取限制性措施所引起的合法性质疑。

2. 关于环境信用评价的体制瓶颈

环境信用评价需要依靠执行机构来推进和开展，执行机构的合理设置是环境信用评价有效开展的体制机制保障。执行机构的设置是否合理、权责是否分明是影响环境信用评价整体执行效果的重要因素。权责分配不明确、不合理、不充分，容易出现评价工作的盲区和评价对象不受约束的现象，给工作推进带来阻力。厦门市环境信用评价所遭遇的体制瓶颈主要体现在以下几个方面。

首先，环境领域并行多种信用监管方式，既造成了体系混乱，也加重了社会行为主体尤其是企业的负担。目前我国有两套信用监管统一平台，分别是国家发展改革部门主导建立的全国信用信息共享平台和市场监管部门主导建立的国家企业信用信息公示系统。各地企业环境信用评价工作一般会选择与这两个系统对接，进而实现将环境信用纳入“企业信用档案”的目的。两套系统的信用修复条件、期限和程序规定原本就有所差异，再加上地方自成体系的一套工作方案，对企业而言具有三重压力。

其次，地方环保行政队伍建设相对滞后制约着厦门市环境信用评价工作的推进。市区两级生态环境局是厦门市环境信用评价工作的执行单位。然而，无论是市局还是区局，各项工作的人手都非常紧张，负责环境信用评价工作的具体工作人员配备也非常有限。尤其是区局虽受市局管理，但其行政编制隶属区级政府，因此，各区生态环境局在承担区级企业或组织的环境信用评价工作时，会更多地受各区的实际情况或各项工作的主次权衡，往往难以配备比较充足的人员来执行这项工作。即使在市局，由于工作领域和对象的复杂性，也难以就环境信用评价单项工作派出更加强有力的专职人员负责。因此，不可避免的现实困境是：以极度匮乏的人力配备，承担全市（区）众多企业或其他社会组织的环境信用评价工作，能够基本走完评价各环节尚且不易，侈谈扩大评价覆盖面、细化评价指标、细分评价对象等进一步推进工作。可以说，环境信用评价是现行行政体制掣肘地方生态文明建设的一个缩影，地方生态环境行政部门心有余而力不足。

最后，对区（镇）政府及区级以下环保部门而言，政绩考核的“不友好”，使他们在推进环境信用评价工作中顾虑重重。比如说，将经济指标凌驾于其他指标之上、把环保不良或环保警示企业的数量多寡与基层政府政绩直接挂钩等考核设计，不仅无法有效激发评价工作在基层的推广提升，而且潜在诱发环境信用评价行政违法违规的职务风险。

针对上述体制瓶颈，厦门市主要从三个方面着手改进：一是积极完善相关机构设置，自环境信用评价启动以来，厦门市生态环境局就成立以分管副局长为组长的评价工作领导小组，设立评价工作机构，明确相关处室、单位工作职责，重点解决“谁参评、为什么参评、如何参评”等关键问题。二是在确定参评名单时，采取强制评价、应约评价和自愿评价相结合的方式，按照层级，对市、区两级生态环境局分别划定评价范围。每年初，经区局报送、局系统征求意见、市局审定等环节，确定参评企业名单，同时向社会公布。2019年起，由福建省统一组织下发每批次强制评价名单，厦门市生态环境局结合厦门实际，扩展相应的强制评价名单，向省里报送后，通过市局（区局）官网和企业环境信用动态评价系统向社会进行公布。三是加强宣传动员，每次评价开始前，厦门市区两级都会召集具体工作责任人和执行人进行培训，为相关人员解释政策、培训业务、打消顾虑，为评价工作的开展做好充分的思想动员与舆论准备。

3. 关于环境信用评价的技术悖论

环境信用评价中的技术悖论是指：一方面，环境信用的特质要求精密复杂的综合性评价指标；另一方面，综合性的环境信用评价指标又与企业的自身利益相冲突。这一悖论的存在，使厦门市环境信用评价工作在科学性与合理性之间艰难地探寻最佳平衡点。

环境信用评价指标体系承载着将企业环境责任量化呈现的重要使命。基于行业领域、企业性质、企业规模等方面的巨大差异，以及环境指标中节能减排等不同维度的复杂性，测量企业环境表现的指标体系必然高度精密复杂、科学缜密。然而，在具体实践中，地方环保行政部门工作人员的环境科学专业性不足，很难通过培训在短时间内完全理解、熟练掌握复杂的指标体系。因此，也不能很好地给予参评对象专业性指导与协助，只能以偏向于宏观行政命令的方式推进评价工作的执行。技术滞后带来的最突出问题是评价工作的具体操作往往表现为一套过度简单的加减分记分方法，“一刀切”地适用于所有参评对象。而且现行的指标体系使用中，存在过分重视环境违法行为减分，忽视度量企业环境责任表现加分的情况。由此产生了“不违法等于信用佳”的概念偷换，环境信用评价的特有优势难以有效发挥，激励效果始终受限。

环境信用评价所使用的综合性评价指标与评价办法，虽然出发点是增进对社会行为主体环境表现的全面评估与全程监督，但伴随着环境信用评价技术含量的增加，不可避免地也将全方位地提升对评价对象的事前限制与事后制裁。站在企业的角度来看，经营活动中的环境保护必然会受到经济利益的影响，如果企业没有参与环境信用评价，所受到的惩处仅仅是罚款而已，但如果企业参与了信用评价，则不仅要受到罚款，而且还要承受不良信用所带来的一系列限制与制裁。为了回避额外的限制与制裁，企业首先采取的应对举措就是消极参与地方政府主导的环境信用评价。这是厦门环境信用评价工作经过前期高速发展后必然遭遇的“瓶颈”，具体表现为：相关政策举措推进困难，生态环境行政部门难以普遍调动参评对象的积极性，绝大多数企业不会主动要求参与评价，甚至有的企业抵触环境信用评价，导致环境信用评价覆盖率与评价结果的社会影响力难以持续提升，而那些游离于政府主导的环境信用评价覆盖面之外的企业恰恰是环境风险隐患的“重灾区”。由于评价覆盖面的限制与激励惩戒机制未形成常态化等原因，企业或社会组织出于趋利避害的本能，参与环境信用评价积极性差别巨大。在厦门，越是规模大、效益好的企业越是重视企业环境信用，如造纸企业、烟草企业，这些企业有上市需求，高度依赖贷款，它们需要优良的环保成绩，只要有一次不良的环保信用评级，就会让这些企业的绩效严重受损，会让上亿订单擦肩而过，甚至导致银行取消贷款、资金链断裂。相反，很多规模不大效益一般的企业并不重视自身的环境信用，更有甚者认为环境信用评价会影响其自身的开拓发展，如部分畜禽饲养企业、五金制品企业等，这类企业占比不小。

针对环境信用评价的技术悖论，2019 年起，厦门市通过采用动态评价办法，赋予基层开展多部门交叉评价的工作权限，打通环境信用评价的末梢神经，减少了主观评价指标的权重，增设了信用修复制度，所有企业基础信用分均为 70 分，企业可以通过系统随时查阅自己的信用状况，根据自己的信用状况主动提升自身的信用等级，提高企业参与信用评价的积极性和主动性，满足不同企业的信用建设追求，在一定程度上克服了技术悖论，减少了信用等级滞后的诸多副作用，提升了环境信用动态评价的精准性和及时性。

4. 关于环境信用评价的成效障碍

厦门市通过环境系统内部监管、相关部门联合制约、社会舆论全面监督，聚焦生态环境短板，不断激发环境信用激励效能。在系统内部监管方面，2019 年以前，厦门市将环境信用评价结果作为确定环保信用“红黑名单”的重要依据，将评为环保诚信或环保合格等级纳入“环保守信红榜”，评为环保警示或环保不良等级纳入“环保失信黑名单”。2019 年后，重新修订了环保信用“红黑名单”范围，将“环保诚信企业”“环保不良企业”“环保警示企业”分别纳入“环保红名单”“环保黑名单”及“环保重点关注名单”。根据“红黑名单”，厦门市把评价结果信息嵌入环境监察执法、环保行政审批申请、环保专项资金安排、环保评先创优等工作，依据环境信用状况予以参评对象相应的激励或惩戒。在部门联合制约方面，厦门市环境部门通过在市局（区局）和省环保厅网站同步公示评价结果的同时，还主动通报市发改委、人民银行厦门支行、厦门银监局、市委文明办等多个部门单位，为实施联合激励与惩戒提供依据。根据国家生态环境部会同多部门联合印发的《对环境保护领域失信生产经营单位及其有关人员开展联合惩戒的合作备忘录》，厦门市生态环境局联合 36 个相关部门（单位）签署《关于对环境保护领域生产经营者开展守信联合激励和失信联合惩戒的工作意见》，建立 13 类 22 项联合激励和 21 项联合惩戒措施，合力推进“守信激励、失信惩戒”效能发挥。在舆论监督方面，通过在厦门市局（区局）和省环保厅网站同步公示评价结果，向社会公众、环保团体及其他社会组织征求意见，畅通各种渠道，引导公众参与监督，确定最终评价结果，促使评价更加公开公平公正。此外，厦门市充分借助政府网站、微信、报纸等媒介，及时将评价结果在环保部门网站、“厦门环保”微信公众号和“信用厦门”网公布公开的同时，还主动与厦门日报社、厦门晚报社、厦门电视台等媒体单位联络，积极宣传评价工作，扩大评价结果的曝光度和社会影响力，引导公众树立环保信用观念，提升评价结果的经济效用与社会效用，全方位督促环境行为主体由被动环保转为主动环保。

不过，在经济发展与市场竞争的双重压力下，厦门市环境信用评价的成效潜能尚未完全释放。环境信用评价的联合激励惩戒未形成常态化、声誉激励效果受限等成效障碍不容忽视。首先，环境信用评价的联合激励惩戒措施缺乏实效。根据制度设计初衷，在信用评价中被评为“环保诚信企业”的企业，应当有一系列联合激励措施，例如：支持“环保诚信企业”的危废经营许可证、原料固废进口许可证等行政许可申请事项，环保专项资金或者其他资金补助予以优先安排，环保部门在组织有关评优评奖活动中优先授予其有关荣誉称号等。然而在实际上这些激励措施绝大部分没有得到有效落实，所谓的“绿色通道”也没有太多实质性内容，更谈不上“优先安排”“优先授予”。同样，对评为“环保警示企业”和“环保不良企业”的单位，也有相应的惩戒设计，例如：从严审查危废经营许可证、原料固废进口许可证和其他行政许可申请事项，增加执法监察力度，从严或暂停审批各类环保专项资金补助申请，建议银行业金融机构对其审慎授信等。这些激励惩罚措施从环保行政角度欠缺可行性，对企业而言不存在明显的优越性，甚至失信惩戒对一些企业基本不构成实质性的损失。有的企业并不关心环境信用失信评价，甚至根本无视，导致了环境信用几乎成了纯粹的荣誉标签，惩戒约束力形同虚设。激励措施吸引力与惩戒机制威慑性双双不足成为制约环境信用评价工作进一步推进的主要原因。

其次，环境信用声誉形象激励惩罚效果受限。把信用评价结果与评价对象的声誉和形象直接挂钩，从而实现对评价对象的经济效益和社会效益双重影响是各领域信用监管的通常做法。环境信用评价的初衷也是希望将社会行为主体的环境友好程度直接作用于它们的社会声誉和形象，以督促其出于珍视声誉形象以及声誉形象所可能带来的经济效益的考虑，主动承担更大的环境责任。但在实践中，理论设计的预期成效却很难完全体现。

以企业为例，由于上下游企业和消费者对于企业环境表现的关注度远不及企业产品质量，政府精心披露的企业环境信用等级可能并不受重视。公众对企业环境声誉的敏感度不足，导致企业在满足合规要求的基础上，继续追求卓越环境表现的动力不足。

三、案例点评（经验与启示）

虽然社会行为主体的环境信用对于生态文明建设的重要性不言而喻，但长期以来，它却一直处于较少获得优先重视的尴尬地位。在厦门实践中，虽然以政府为主导记录、评价、共享公开和使用环境信用信息的工作已全面铺开，但现实操作与理论预期还存在不小差距。环境信用评价的合法性质疑、制度瓶颈、技术悖论及成效障碍是这项工作在各地推行过程中存在的共性问题。研究发现，存在困难与问题的原因主要体现在三方的利益冲突，即被评价对象在权衡自身风险、收益、损失等因素后对参与环境信用评价的积极性普遍不高；基层行政单位出于绩效、工作压力等的考虑，没能积极有效配合推进环境信用评价工作；各级生态环境行政部门缺乏足够的工作手段措施，从而难以调动各方积极性。虽然环境信用评价自身超前于传统经济社会信用监管范畴的先进理念和运行逻辑，使进一步推进这项工作困难重重，但在明确的绿色发展理念与具体问题导向之下，环境信用评价还是大有可为的。

1. 破解合法性质疑，加速环境信用评价法治化建设

破解合法性质疑，首先必须提升环境信用评价合法性依据的设定层级。环境信用评价是新型的环保管理手段，法制建设较于实践探索相对滞后是传统改革的旧常态。随着我国全面深化改革新时代的到来，以法治引领改革已经成为新常规。蕴含着“政策优先”和“利益支持”抉择权的行政行为，往往伴随或隐藏着“渎职”“滥用职权”“玩忽职守”等行政职务犯罪风险，而且容易导致在做出行政行为时程序不当。随着环境信用激励惩罚机制的不断完善，行政违法风险也会相应提升。因此，对于以政府为主导的环境信用评价来说，“依法行政”无疑应该是这项工作的首要原则。因此，要加速对全国环境信用评价试点经验的归总与法制升华，缩短局部实践探索与法律依据出台的时间差，并且不断提升法律依据的层级，完善统一的环境信用评价法制体系。

其次，推进环境信用评价法治化要以地方立法探索为突破口。各地要加速把一些行之有效的工作方法提上地方立法的议事日程，让改革与立法始终相伴而生、相向而行。比如说，可以针对已经存在或可能存在生态环境影响两种情况出发，从规划遵守、环境影响评价、“三同时”验收、许可证申领、排放许可要求遵守、环境信息公开等环节，分类规定企业的环境违法违规行为。从技术服务报告编制、人员职业规范的遵守、环境表现与强制性市场激励惩罚等方面，分类规定环境信用评价的法制依据。

2. 消除体制瓶颈，理顺环境信用评价体制机制

消除环境信用评价的体制瓶颈，首先，要采取现代行政指导方式，提升基层生态化社会治理水平。环保行政部门在实施环境信用评价时，要积极转变行政理念，切勿以“行政命令”代替“行政指导”。应充分利用行政指导这一行之有效的新型现代行政管理手段，健全环境信用评价多元参与模式，整合环境领域“多头”监管机制，以灵活柔性的管理方式，为已纳入评价的和尚未纳入评价的对象提供更好的政策服务与技术指导。

其次，要修订考核办法，提高基层政府及环境部门的工作积极性。在传统政绩考核模式下，区（镇街）政府部门对环境信用评价工作的错误认识和畏难情绪是阻碍评价工作推进的因素之一。一方面，市级及更高层面要率先转变观念，调整对区（街镇）的考核办法，以更加有利于绿色发展、长远发展的标准考核基层政府的工作情况；另一方面，要加强对区（镇街）政府部门，特别是主要领导干部的生态文明思想教育，使其充分认识推进环境信用评价工作的重要意义，摒弃地方保护主义思想和短视的政绩观。区（街）环境部门工作人员是评价工作的一线执行者，要进一步加强一线人员业务能力培训，既要熟悉政策要求，又要掌握专业技术，以专业的素质解决专业的问题，不断提高环境信用评价工作水平。

最后，要培育第三方专业机构，构建多元主体的评价模式。现行由政府与评价对象构成的二元主体环境信用评价模式的弊端显而易见。培育第三方专业机构能够提升环境治理与环境信用评价的专业化、社会化，有效缓解二元模式可能出现的“政府失灵”“行政违法”等问题。因此，要尽快构建环境信用评价第三方机构市场准入与竞争机制，建立以政府公共支付、政府购买为主的第三方评价机构资金保障机制，确立不同资质第三方机构出具的环境信用评价结果的差异化综合利用范围。

3. 化解技术悖论，提升环境信用评价科学化水平

化解环境信用评价中的技术悖论，首先，要建立标准化的环境数据归集整理系统，完善企业强制性综合环境信息披露制度和在线监测制度，为环境信用评价奠定准确、完整的信息数据库基础。制定统一的企业环境责任等级清单，鼓励企业定期做出不同级别的环保承诺，并将企业对环保承诺的遵守或违背情况纳入企业环境基础信息数据库。

其次，要加强环境信用评价指标体系科学细分，因地制宜优化评价指标。当前，无论是国家层面还是省级层面，都仅对各地环境信用评价指标加以原则性宏观规定，在这种情况下，各地市要以科学辩证发展的眼光与魄力，细化优化符合本地实际情况的具体评价指标。例如，《福建省企业环境信用动态评价实施方案（试行）》将“未按要求开展自行监测”作为第6项“企业责任指标”，然而，一方面在国家层面的指导意见中，“自行检测”仅作为国家重点污染源监控企业的强制环境指标；另一方面，地方企业因规模能力与业务范围的差别，并非所有企业都具有自行监测的实际能力与必要性。因此，为了避免“自行检测”作为评价指标流于形式，厦门市应当根据本地企业特点，使评价对象分类适用该项指标。

最后，要创新现代科技手段在环境信用管理中的运用。针对目前环境信息易造假、难监管、难执法等问题，大力发展智慧环保，通过大数据、云计算、物联网等信息化技术，及时上传环境违法或不友好现象，同时报送环保部门开展执法监察，既有助于克服执法人员现场执法的人情因素，又有助于环境信用信息的社会化应用。另外，未来各地参与环境信用评价的对象数量必然越来越多，以目前人工操作评分为主的方式将难以应对潜在的巨大工作量。因此，应当提前设计一套智能化的评价评分体系，实现通过网络平台数据对接发布，变定期（季度）评价为实时评价，环保行政部门只需要对评价结果进行少量的人工校正即可。

4. 排除成效障碍，全方位实现环境信用评价正效益

排除环境信用评价的成效障碍，首先，要激发市场机制对环境行为与环境信用的决定性作用。社会行为主体的环境信用监管，对于政府而言，是促进经济绿色发展转型、实现美丽中国建设目标的政治性管理手段；对于社会行为主体，尤其是对于企业而言，则应是一个理念性与经济性并重的绿色转型方向。因此，提升环境信用评价的实际成效，必须加大市场机制对环境行为与环境信用的相关性与影响力。例如，可以采取差别化的奖惩措施，对企业开展分类分级激励管理。对于连续 3 年进入“环保守信红榜”的企业，不再作为强制评价对象，不再优先纳入错峰生产名单，并在股票上市、金融贷款、保险费率、水电价格等方面制定具体可行的优惠政策。在更广阔的社会和市场范围，不断激发市场机制对环境行为与环境信用的决定性作用，通过在政府采购、招标投标、贷款申请、市场准入、资质审核等方面设立环境信用等级差异待遇，让环境信用等级真正与市场效益挂上钩。

其次，要积极探索环境信用评价与生态化工业园区建设的有机结合。鼓励工业园区成立环境管理机构，以园区为单位，参与环境信用评价。对于环境信用持续优良的园区，给予园区及园内企业适当的政策和资金奖励，促进各项环保措施的落实，引导并帮助园区内企业建立产业共生代谢与资源梯级利用关系。对环境信用持续较差的园区，从整体上进行结构调整与产业淘汰，在政策上严格要求，从而倒逼整个园区环境信用的提升，促进生态化工业园区发展和转型，提高区域资源综合利用率，减少废弃物的排放。

最后，要优化共享与公开，提高环境信用社会关注度和参与度。共享与公开是环境信用评价结果发挥作用的两个密切相关的环节。共享指向环境监管部门与执法机关、金融机构、主要行业协会及社会团体等组织之间的信息互联互通。由于环境信用评价的潜在对象涉及各个不同领域不同行业的社会行为主体，多部门协调事务数量众多、纷繁复杂，因此制度化的信息共享在环境领域尤为重要。为此，要加速健全政策执行信息共享与反馈机制，包括环境基础数据、评价流程进度、评价结果应用的共享与反馈。公开指向环境监管部门在门户网站或专门信息管理系统上对环境信用评价结果进行公示，是“声誉机制”发挥作用的前提环节。为加强评价结果对评价对象声誉形象的影响，不仅要通过官方线上平台公开相关信息，还要借助融媒体尤其是新媒体等社会传播力量，让环境信用评价的宗旨、政策、程序、结果在更广泛的范围得以公开。

作者简介

方轻，中共厦门市委党校（厦门市行政学院）哲学教研部副教授。

打造长江经济带上的“东方水城”

——武汉市深化河湖长制推进“三长联动”的创新实践

全面推行河长制湖长制，创新河湖管理体制机制，破解复杂水问题，维护河湖健康生命，是习近平生态文明思想在治水领域的具体体现。构建健康河湖体系，必须深刻把握和贯彻落实习近平生态文明思想，以“节水优先、空间均衡、系统治理、两手发力”的新时代治水方针为导向，以长江共抓大保护、不搞大开发为规矩，以不断满足人民日益增长的优美生态环境需要为目标，牢固树立“四个意识”，树牢生态文明理念，推动河湖长制深入实施，持续发力打赢荆楚碧水保卫战，提供更多优质生态产品。

习近平总书记强调，生态环境是关系党的使命宗旨的重大政治问题，也是关系民生的重大社会问题。他提出，要还给老百姓清水绿岸、鱼翔浅底的景象。进入新时代，“河长制”成为中国生态文明建设的新实践。2016年底，中共中央办公厅、国务院办公厅印发《关于全面推行河长制的意见》，明确提出在2018年底全面建立河长制。“每条河流要有‘河长’了”——2017年元旦前夕，习近平总书记在新年贺词中说。2018年6月底河长制提前在我国全面建立，千万条哺育着中华儿女的江河有了专属守护者。

一、背景情况

武汉是湖北省省会，地处华夏之“中”，承东启西接南转北，是长江经济带核心城市、全国重要的工业基地、科教基地和综合交通枢纽。武汉依水而生、因水而兴，一城秀水半城山，素有“江城”“百湖之市”的美誉。长江、汉江等丰富的水资源禀赋形塑了武汉的城市形态、城市生活和城市产业。全市辐员面积8569平方公里，其中水域面积2118平方公里，占市域面积的26.1%。境内湖泊166个，5公里以上河流165条。

在历届市委、市政府的高度重视下，武汉市治水工作成效显著。但是伴随着经济社会的快速发展，武汉市既“优于水”，又“忧于水”，新老水问题交织，水环境约束日益严峻，水生态文明制度体系还不完善，水生态文明建设能力尚有不足，难以适应经济社会可持续发展的需求。作为长江经济带三个“超大城市”之一，武汉当仁不让地积极探索典型复杂水网地区、超大城市的“武汉经验”和水城共生发展模式，力求走出一条具有武汉特色和长江中游特点的水生态文明建设新路，为全国水生态文明建设探索新路径。

（一）系统推进“四水共治”

作为全国水域面积最大的特大城市，“十三五”期间，武汉市坚定不移地保护和改善水环境，水环境治理迈上了新台阶。武汉市积极践行新时期治水思路，以“长江大保护”为担当，以“水生态文明”为引领，以“滨水生态绿城”为目标，坚持系统治水、源头治水、科学治水，全面推进以“防洪水、排涝水、治污水、保供水”为重点的“四水共治”。近5年来，江河湖泊防洪能力、城市排涝体系等方面有了质的改变。

不断加大治理污水投入，为提升河湖水环境打牢硬件基础。全市共新建污水收集管网1000余公里，新增日污水处理能力110.5万吨，达到每天366万吨。在工程建设方面采取创新举措，新建的北湖污水处理厂一期规模就达到了80万吨每天，将中心城区四座污水处理厂迁到城郊，在中心城区建设全国首条深层污水传输隧道——大东湖深隧，目前已投入使用，极大提升了武昌、青山片区的污水收集处理能力。

在雨污分流方面，结合武汉实际，与全市在汉高校合作推进高校雨污分流，在全国起到了引领示范作用。

（二）持续推进“流域一体化”

武汉市以超大城市治理体系和治理能力现代化为标准，在水环境治理体制机制、理念、标准、技术等方面，突出系统治理，坚持流域同治。推进“水岸一体化”，形成政府社会互动、部门联动的共治格局。

持续推进“流域一体化”，持续推进南湖、北湖、汤逊湖，机场河、黄孝河、巡司河等“三湖三河”流域水环境综合治理，再加力度、持续推进、一抓到底，努力推进全市水生态环境保护工作迈上新台阶。

二、基本做法

武汉市委、市政府积极践行“节水优先、空间均衡、系统治理、两手发力”的治水思路，高度重视全国水生态文明城市建设试点工作，把生态文明理念融入治水的各个方面、各个环节。2011 年，武汉市在全国首创试行湖长制。2015 年，颁布《湖泊保护条例》，将“湖长制”纳入地方性法规。2017 年，在“湖长制”基础上正式全面建立“河湖长制”。2018 年，武汉市委、市政府创新推动“三长联动”（官方河湖长、民间河湖长、数据河湖长联动）改革，三年多来，随着配套措施相继落地，在解决河湖管护重难点问题上不断取得新突破，改革成效逐步显现。

积极探索系统治水、流域治水新思路。2019 年 8 月，印发《武汉市河湖流域水环境“三清”行动工作方案》，成立“三清”行动指挥部，创新武汉市河湖流域治理模式。“三清”行动将治理范围从河湖水体本身扩大到河湖流域，通过对河湖流域范围内影响河湖生态的各类污染源进行清理整治实现“清源”；对排水管网存在的问题进行清理整治，提升污水收集、处理效能实现“清管”；对河湖水体自身污染进行清理整治，促进河湖水环境持续改善实现“清流”。目前此项工作已全面铺开并在市级重点的“三湖三河”（南湖、北湖、汤逊湖，机场河、黄孝河、巡司河）流域先行开展治理。

2018年，市委办公厅、市政府办公厅印发《武汉市深化河湖长制推进“三长联动”工作方案》，要求完善以官方河湖长为主导的治理管护责任体系、健全以民间河湖长为中坚力量的全社会参与体系、建立以数据河湖长为重点的全要素支撑体系。

（一）完善以官方河湖长为主导的全方位治理管护责任体系

官方河湖长围绕河湖长制“六大任务”，推倒“部门墙”，扫清上下“壁垒”，强化部门联动、上下互动，构建起官方河湖长巡河调度包顶层推动、部门行业管理包监管服务、各区职责“清单化”落实包任务落地的河湖长制工作推进机制。特别是2018年以来，武汉市总河湖长先后签发4道河湖长令，部署一系列攻坚行动；各级官方河湖长面对面立“军令状”，点对点打“阵地战”，实打实抓“回头看”，各项攻坚行动成效显著。

坚持尽锐出战，构建河湖管护全责任体系。明确长江、汉江等34个重点河湖由武汉市委、市人大常委会、市政府、市政协“四大家”副市级以上领导担任市级官方河湖长，并挑选34个市直部门作为工作联系部门。组织编制市级重点河湖“一河湖一策”，连续3年将“一河湖一策”细化分解为“一表、一图、四清单”，报请市级官方河湖长亲自审定、亲自督办。各级官方河湖长聚情河湖、聚焦水质、聚力落实，定期巡查、日常协调、双休暗访成为治水工作新常态。定期召开工作联席会，健全协调机制，商讨河湖长制落实的困难与问题，规范巡查登记、信息通报、档案管理等履职行为，提升履职的规范性、科学性。完善考核督办制度，将河湖长制考核纳入全面建成小康社会专项考评核心指标，实行“季度考核+季度通报+年终考评”全过程考核，确保落到实处。

坚持任务牵引，扎实推进全空间整治。高站位推进“清四乱”任务。各位官方河湖长多次召开专项行动部署会、调度会，现场办公、督导，确保了按期完成清理整治任务。2018年上报水利部589个“四乱”问题，于2019年11月底全部完成整改销号，2020年上报水利部348个“四乱”问题，于2020年底全部完成整改销号，解决了一大批侵占河湖、破坏河湖的“老大难”问题，河湖水域、岸线面貌大为改观。高规格实施水体提质攻坚行动。2018年6月，武汉市委常委会部署统筹推进全市黑臭水体、劣Ⅴ类水体治理等攻坚任务。各级官方河湖长主动领责，锁定工作目标，组织相关部门合力攻坚，查问题、列清单、上工程、补短板，完善污水主支干管网络，提升污水处理能力，解决了污水直排、管护不力等问题，河湖水质明显改善。高标准开展示范河湖创建工作。武汉市将东湖风景区创建示范河湖工作列入了2020年政府工作报告。围绕东湖水质提升，按照国家统一的建设标准，统筹推进截污控污、底泥清淤、水生态修复、绿道建设等工作，2020年11月，东湖高分通过水利部组织的示范河湖建设达标验收，成为首批全国示范河湖。

坚持问题导向，科学推进全流域治理。着眼管好“盛水的盆”和“盆中的水”，坚持标本兼治，强化流域治理，确保实现“长制久清”。开展“三清”专项行动。湖北省委常委、武汉市委书记、市第一总河湖长王忠林多次巡查长江，要求以保护长江水质为中心，加强源头治理、岸线整治、生态修复，强化水污染防治，实现“岸绿、景美、河畅”。实施“三湖三河”典型流域治理。强化流域治理，以南湖、北湖、汤逊湖和黄孝河、机场河、巡司河“三湖三河”为重点，科学规划，有序推进。市政府副市长、黄孝河市级官方河长张文彤发挥牵头作用和专业优势，组织对“大汉口”片区黄孝河、机场河流域范围内的地块、管网、水系、监测、污染源等进行详细的本底调查和科学的系统评估，编制水环境综合治理规划，并积极推进各项治理措施落实。

（二）健全以民间河湖长为主体的全社会监督参与体系

坚持“开门治水”，广泛聘请公益组织、企业、学校、家庭、群众等社会力量担任民间河湖长，扩大河湖治理管护社会参与面，构建以民间河湖长为主体的监督参与体系。

引入竞争机制，拓宽民间河湖长的推选渠道。民间河湖长是官方河湖长和数据河湖长重要的桥梁和纽带。武汉市积极发挥民间河湖长的爱河护湖中坚作用，推动民间河湖长逐步成为一支有情怀的、可信赖的、专业化的爱河护湖社会力量，最大范围带动社会公众共同参与河湖保护。一是围绕重点河湖选。民间河湖长的征集对象主要为市领导担任河湖长的河湖、水质提升重点水体和世界军运会涉赛水体等老百姓高度关注的重点水体以及黑臭水体和劣Ⅴ类水体。二是引入竞争机制选。武汉市河长制工作领导小组办公室在收到社会各界的踊跃报名后，委托第三方机构对每一位报名者进行材料甄别、实地走访、上门沟通，确保挑选出最优秀的核心志愿者和具备号召力的民间河湖长。对报名人数较多的东湖，还举办了竞选路演，请社会公众和专家媒体共同打分，最终选出了包含67名自然人、26个企业（团体）代表在内的93名民间河湖长。三是立足作用发挥选。为了加强对民间河湖长的支持鼓励和严格管理，武汉市制定了民间河湖长管理办法，对工作出色的民间河湖长，通过公开评选、风采展示等形式进行表彰，对优秀民间河湖长的事迹进行报道，引导民间河湖长健康成长。

固化管理模式，完善民间河湖长工作机制。出台《武汉“民间河湖长”管理办法（试行）》，规范民间河湖长的日常管理；开展“民间河湖长”征集活动，各企业、学校、家庭和群众广泛参与，经过网络报名、走访面谈、资格审查等环节，优中选优，确定民间河湖长名单，颁发证书，持证上岗；组织“十佳民间河湖长”评选表彰活动，宣传民间河湖长守护河湖的事迹；民间河湖长通过言传身教带动更多市民加入守护河湖队伍中来。目前市、区选聘的民间河湖长人数突破1000名，河湖保护志愿者突破5000人。

加强能力建设，发挥民间河湖长带动作用。定期组织民间河湖长培训会，邀请中国工程院院士、省河湖长制办公室领导在线为各级官方河湖长、民间河湖长和河湖志愿者授课，宣讲河湖管理保护政策、法规及具体要求。经常性开展实地教学演练，提高民间河湖长巡查河湖实用技能；民间河湖长在学中练、在练中学，本领大增，在各自负责的河湖上大显身手，开展各具特色的志愿巡查活动。

形成良性互动，引导民间河湖长理性监督。建立民间河湖长发现河湖水环境问题反馈机制，民间河湖长发现问题，官方河湖长主动回应、及时处理，处理流程规范、高效。2020 年，武汉市级民间河湖长巡查发现并反馈 180 个典型河湖水环境问题，144 个问题完成整改并得到民间河湖长认可，另外 36 个问题正持续跟踪整改。

强化宣传引导，营造爱水护水良好氛围。推进河湖长制工作宣传“六进”活动，开展河湖长制主题宣传、大型巡河护湖公益行动；制作科普宣传片，发放倡议书、宣传册，扩大河湖长制工作知晓度；邀请湖北大鼓文化遗产传人演绎《美丽河湖、生态武汉》宣传片，以群众喜闻乐见的方式宣传河湖长制；开展武汉河湖长制标识和官方河湖长、民间河湖长卡通形象收集、评选活动，发动社会公众共同参与河湖保护。

2018 年 9 月 21 日下午，官方河长市、区、街、村四级河长督察长，民间河长环保志愿者，“数据河长”无人机，“三长联动”，在倒水河新洲仓埠街黄新柏湾闸段分头巡河，检查河流状况，一起发力保护倒水河。《长江日报》融媒体平台全程网络直播，近 4 万网友在线观看。这是武汉市首次河长制“三长联动”主题网络直播。

倒水河为长江支流，发源于大别山南麓的河南新县，倒水河流经黄冈红安、武汉新洲，在新洲龙口注入长江。倒水河新洲段全程 43 公里，流域面积 378 平方公里，流经 5 个街道，139 个行政村。

当日下午，一架无人机在倒水河面起飞，对倒水河进行影像拍摄，检查河流情况，查找问题，将拍摄情况及时传给官方河长。官方河长根据发现的问题督促相关单位及时整改。

据介绍，这是由水务部门聘请的第三方机构，利用无人机遥感技术，对河流进行影像拍摄巡查，这被称为“数据河长”。倒水河“数据河长”将定期开展巡查。

新洲区一大批环保志愿者当日也参与了倒水河环境保护。民间环保志愿者徐建利作为倒水河民间河长，戴着手套，拎着垃圾袋，在倒水河黄新柏湾闸附近巡河。“我平时没事就来河边走走看看，边巡查边拾捡垃圾，发现问题就会及时告知官方河长或相关职能部门，马上就能看到有人来解决”。徐建利介绍，他们有一个环保志愿者“朋友圈”，经常组织志愿者一起来巡河，主要是看河边有没有垃圾堆积，有没有排污口，有没有违章建筑，或者非法采沙等。

新洲区倒水河区级河长、街级河长同步在倒水河巡河。倒水河仓埠街段河长介绍，每次巡河会有记录，还可以用河湖长 App 进行轨迹记录，遇到问题可以用照片和视频取证。各级河长也可以通过 App 来随时了解河流情况。

倒水河市级河长督查长单位代表刘兴元也来到现场巡河，他说，这次官方河长、民间河长、数据河长“三长联动”，从各个不同的方面为保护倒水河发力，倒水河保护是个常态性工作，今后将继续加强巡查，共同保护好倒水河。

（三）建立以数据河湖长为支撑的全天候智慧治水体系

依托大数据技术，整合生态环境、国土规划等部门信息资源，建设河湖数据智慧服务系统，实现河湖全天候、全领域、全要素监控监测，提升河湖长制工作信息化水平。

精心设计，构建一个系统。2018 年，印发《武汉市“数据河湖长”建设工作方案》，按照多业务、多终端、多用途、全景化、全天候、全流程的使用要求，建设一个河湖数据智慧服务系统，完成“六个一”建设任务，即一个智慧形象、一个指挥中心、一个综合数据库、一个管理平台、一个监控监测体系、一套管理机制。目前基本完成系统建设，“数据河湖长”的品牌初步建立。

分步实施，具备四大功能。按照整体设计、分步推进的原则，上线试运行“数据河湖长”智慧服务系统 PC 端，实现市、区、街道、社区四级河湖长和市、区两级河湖长制办公室全覆盖；推出“武汉河湖长制”App，在各区、街道级河湖长中试用，河湖长巡查直接在App上“打卡”，2020年在线使用46102次，巡查记录时长达13701.17小时，巡查记录距离达95667.47公里；完善重点河湖、支流港渠水质监测、无人机巡查监管机制，并实施河湖问题督办管理；构建开放式接入环境，开发公众参与模块，启用“河湖保护，你我同行”微信小程序，发挥公众监督作用。

智慧嫁接，实现三项联动。以数据河湖长为媒介，推动官方、民间河湖长高效联动。在决策管理上联动，提升官方、民间河湖长互动的便捷性、直接性，让“民呼我应”机制有效落地。在问题管理上联动，把发现、反映、解决问题的程序格式化、公开化，调动官方资源、民间智慧、科技力量联合解决河湖治理管护问题。在考核评价上联动，实时掌握官方、民间河湖长巡查情况，对巡查发现的问题自动分发、按级督办，履职不及时、不到位亮黄牌、红牌，确保了公正、公开、透明。

武汉城市的发展史，就是一部治水史。独特的水文化优势，使“大江大湖”成为武汉的城市符号。秉承以水定城、以人为本的理念，通过水生态文明城市试点建设，将武汉的水资源、水生态、水环境承载能力作为城市建设与发展的刚性约束，武汉正找准历史定位，步步为营，久久为功，力争所实现的水生态文明建设目标经得起历史的考验。

下一步，武汉市将持续推进水生态文明建设，严格按照《武汉市水生态文明建设规划》，高点站位擘画“一核、两轴、四片、百湖”的水生态建设总格局：打造中心城区为水生态文明建设核心区，依托长江和汉江两条生态轴带，构建大东湖、大汉阳等四片生态水网，全面保护市域范围内166个湖泊，确保水生态文明建设“一个城市一张蓝图绘到底”。2020年，构建水生态安全屏障，实现“水安、水清”；至2030年，重构大江大湖大武汉的水生态空间格局，实现“水净、水美”；至2049年，全面建成国内外知名的滨水生态绿城，实现“水优、水名”，加快打造人、水、城和谐共处的“东方水城”，打造长江经济带上水生态文明建设的“武汉样板”。

三、案例点评（经验与启示）

“三长联动”是推进河湖长制从“有名”向“有实”“有能”转变的抓手。以数据河湖长为媒介，推动官方、民间河湖长在决策管理上联动，提升官方、民间河湖长互动的便捷性，在问题管理上联动，形成发现、反映、解决问题的工作闭环，调动官方资源、民间智慧、科技力量联合解决河湖治理管护问题。

“三长联动”是推动河湖长制从“群众看”向“群众干”转变的平台。社会参与、多元共治是现代化城市治理的重要特征，河湖长制工作更是如此。治水工作中“政府干、百姓看”的问题依然比较突出，推行“三长联动”是推动河湖长制走向社会共治转变的平台。

“三长联动”是推进河湖长制信息化现代化的重要载体。数据河湖长作为保障，整合了水质监测、卫星遥感、视频监控等信息资源，加速了河湖长制信息化，加快了河湖长制工作现代化，提升了河湖管理高效化便捷化水平。

作者简介

鲁长安，中共湖北省委党校（湖北省行政学院）马克思主义基础理论教研部副教授。

擦亮“绿色高铁”名片

——京张高铁、京雄城际铁路生态廊道建设

2020 年 9 月 30 日，习近平主席在联合国生物多样性峰会上与各方分享中国生物多样性治理和生态文明建设的经验时提道：“中国用生态文明理念指导发展。从道法自然、天人合一的中国传统智慧，到创新、协调、绿色、开放、共享的新发展理念，中国把生态文明建设放在突出地位，融入中国经济社会发展的各方面和全过程，努力建设人与自然和谐共生的现代化。”

一、背景情况

京津冀地区位于华北平原北部，北枕燕山山脉，南接华北平原，西靠太行山，东面渤海湾，地势呈西北高东南低的特点。属于温带大陆季风气候，区域整体较为干旱，水资源短缺，生态环境十分脆弱。京津冀城市群发展历史长、人口众多、经济增速快、资源消耗大，环境承载力日益下降。近年来，大气污染、水污染、土壤污染问题凸显，城市内噪声污染、光污染和内涝现象也严重威胁着城市人居环境。

2016 年国家林业局印发《林业发展“十三五”规划》，提出构建“京津冀生态协同圈”，统筹三省市及周边地区生态发展，通过扩大环境容量和生态空间，缩小区域内生态质量梯度，提高生态承载力，打造全国生态保护的中心区和样板区。具体措施包括保护加大森林保护、湿地恢复力

度，建设生态防护区、水源涵养区，治理土地盐碱化，加强国家公园、森林公园、湿地公园建设，优化美化城乡人居环境等。区域内各省市也纷纷出台政策，着力加强各省市间的协同和联动。京雄和京张高铁的生态廊道建设就是京津冀区域协同生态工程的一例典型。

京雄城际铁路始自北京市大兴区李营站，经河北省固安县、永清县、霸州市，终至雄安站，全长 92 公里，沿线以农业、农村环境为主，居民住宅和学校等噪声和振动敏感地点较多，涉及 4 处饮用水水源保护区。京张高速铁路全长 174 公里，沿线环境更为复杂：自然环境方面，气候干燥且寒冷，生态环境脆弱，属于国家级水土流失保护区、重点治理区，且途经水源涵养区和生态支撑区；人文环境方面，自北京二环边引出，纵贯人口密集的城中地带，对周边居住环境影响较大，且沿线历史遗迹较多，文物保护任务艰巨。

在两条铁路的建设中，铁路企业和相关设计、施工单位提出“智能、绿色、精品、人文”的设计理念，力求通过技术的改进和创新减少对环境的影响，实现绿色畅通的目标。2019 年河北省政府印发并实施《京雄高铁生态廊道绿化设计方案》和《京张高铁生态廊道绿化设计方案》，旨在通过绿化工程改善高铁沿线生态环境，优化居民生活环境，发展绿色产业。2019 年 12 月京张高铁开通运营，2020 年 12 月京雄城际铁路开通运营，两条铁路实现绿色畅通，成为“绿色高铁”一张闪亮的名片。

二、基本做法

创建京雄、京张高铁“绿色高铁”精品工程，打造京津冀地区标志性生态廊道，关键是要解决好以下几项矛盾：一是工程施工与环境保护之间的矛盾。铁路工程建设和运营过程中难免会对空气、水域、土壤等自然环境产生一定的影响，如何将污染防治与生态修复并举，最大程度上减少铁路对生态环境产生的负面效应是首要问题。二是生产建设与资源节约之间的矛盾。京津冀地区水、电、土地资源紧张，如何提升资源利用效率，承担节能减排的社会责任，实现线路的高质量可持续发展是重要问题。三是铁路建设与居民生活环境之间的矛盾。铁路作为城市的重要基础设施，是推进城市化的有力支持，但穿城而过的铁路分割了城市空间，阻断了交通道路，同时产生噪音，给周边居民生活带来困扰。而废弃的铁道沿线不被纳入城市环境规划中，则会成为城市之中的“灰色地带”。四是铁路线路与古迹保护之间的矛盾。当铁路线路无可避免地经过历史遗迹、公园景区时，如何保护其免受破坏成为工程的突出问题。

（一）防治污染，保卫蓝天碧水

1. 水污染防治措施

全长 9077 米的官厅水库特大桥是京张高铁全线的控制性工程之一。大桥需跨越作为北京市备用水源地、国家一级水源保护区、京津冀协同发展水源涵养地的官厅水库，因此对项目的环保要求极高。为保证大桥的建造不污染水质，施工过程中采用了智能建造技术等多种高科技手段。例如在桥体搭建上，为尽可能地减少钢梁施工对水源地的影响，大桥采用了“顶推作业法”：钢梁在地面上像“积木”一样搭建拼装完成，再利用千斤顶将其推至库区中心就位。为了保证钢梁平稳推移、落梁误差小于 1 厘米，项目方研发了一套“中央控制多点同步顶推系统”，实现了“一键式”“零误差”顶推作业。这一系列措施在最大限度上减少了水上施工工序。

大桥在施工的细节上也做了相应的技术改进，例如施工栈桥搭建时所用的钢管桩全部都涂上了橙色的环保防腐油漆，以防止钢管在水中产生锈蚀污染水质。这一不计施工成本的做法在之前的铁路桥梁建设中是十分少见的。此外，为避免水下钻孔工作造成水质混浊、水文扰动，项目方用一组密闭钢管管道将环保泥浆运入并灌注成护壁，同时利用钢材质的护筒挡住钻孔、打桩产生的废水废渣，防止其排入水库内，类似举措不胜枚举。

在此基础上，大桥的设计还考虑到了后期运营和养护工作对环境的影响，真正做到了防患于未然。钢桥桥体采用了超耐候防腐涂装技术，能够最大程度地缩减桥梁寿命期内重新涂装次数，减少涂装过程产生的污染。主桥采用复合不锈钢板排水槽，可以将桥面雨水收集后集中排入两岸的沉淀池，避免桥面排水对水库水体造成污染。

2. 空气污染防治措施

严控气体排放是铁路绿色建设的一大要求。在京雄城际铁路的建设中，项目方秉持“能用气就不用煤，能用电就不用气”的原则，尽可能优先使用清洁能源。扬尘是铁路建设施工中产生的主要空气污染物，也是污染防治的要点。混凝土拌和站料仓是产生扬尘的“重灾区”，施工方对料仓整体采用了全封闭设计，顶棚处还安装有自动喷淋系统，与一套智能化的扬尘监管系统相配合，一旦场内的粉尘超标，雾化喷嘴就会进行自动喷洒，保证整个环境和原材料的清洁。工地还设有多台集洒水、吸尘、清扫多功能为一体的智能扫地机，可自动在料仓内来回巡逻，处理地面的粉尘，以及雾化除尘炮、雾化洒水车等一系列除尘除霾设备，能够使进出仓库的车辆行驶时不扬尘，车轮不沾泥。

3. 噪声污染防治措施

火车噪声往往会给铁路沿线的居民造成很大困扰，因此噪声是铁路项目环保评价中的一项重要指标。京雄城际铁路在噪声问题的解决上实现了重大突破。霸州市北落店村是京雄城际铁路沿线最大的集中居住区，为解决该路段的噪声问题，铁路高架桥上建起了一段全长 847 米的全封闭声屏障，这也是全世界首个适用于时速 350 公里高铁线路的全封闭声屏障工程，在建造工艺上克服了诸多难题。有了这道屏障，高铁列车像是在隔音的隧道中穿过，产生的噪声能够控制在 20 分贝左右，基本消除了对周边居民生活的不良影响。

（二）节约资源，实现可持续发展

1. 雄安站节约用电设计

雄安站的建设是“精品、智能、绿色、人文”理念的集中体现。为了节约光电资源，雄安站的屋顶中央设计了一道 15 米宽的缝隙，通过上下贯通的采光通廊，将自然光线引入室内，形成了温馨浪漫的“光谷景观”，既提升了旅客候车体验，又能减少白天照明设备的使用。不仅如此，雄安站站房的屋面还铺设了共 4.2 万平方米的太阳能光伏板，年均发电量能够达到 580 万千瓦时，基本能够供应雄安站全年的照明用电。这一设计每年可减少 4500 吨的二氧化碳排放，相当于节约了 1800 吨煤的使用，约等于植树造林 12 万公顷。

2. 京张高铁节约用水措施

高铁运行中产生的污水如果直接排放到车外会对环境造成污染，而且无法循环利用也会导致水资源的浪费。针对这一问题，中车集团为京张高铁设计的动车组采用了新研发的灰水回用系统，将动车上卫生间、盥洗室洗池、电热开水器产生的灰水经过滤净化系统处理后变为回用水，可以供集便器系统冲洗使用。这一系统既节约了高铁用水，还能减小清水箱和污物箱的容积，有助于列车进一步进行轻量化设计，节约运行能耗。①

（三）以人为本，打造绿色长廊

1. 京张铁路遗址公园项目

2019 年 12 月，习近平总书记在对京张高铁开通运营作出重要指示时提出：“从自主设计修建零的突破到世界最先进水平，从时速 35 公里到 350 公里，京张线见证了中国铁路的发展，也见证了中国综合国力的飞跃。回望百年历史，更觉京张高铁意义重大。”京张铁路上凝聚着以詹天佑为代表的一代民族脊梁的光辉事迹，凝聚着以爱国主义精神为核心的铁路精神，也凝聚着一代又一代人对城市铁路的回忆，是属于人民群众共同的文化遗产。在 2016 年停运之前，老京张铁路从人流不息的海淀区五道口地区穿过，那句“火车就要开过来了”的广播声承载了许多人的记忆，火车道两旁驻足等待绿皮车通过的人群曾是这里一道独特的“风景”。但

① 崔婧美、刘俊阳:《京张高速铁路动车组灰水回用系统设计探析》,《铁道车辆》2020 年第 5 期。

铁路的存在割裂了两旁的生活空间，阻断了交通要道，给周边的居民和过往车辆行人带来了不便。新建的京张高铁为了解决这一历史遗留问题，毅然决然地选择在学院南路至清华东路之间的城市段修建 6000 米的下穿隧道，从而打通之前被阻断的 5 条城市主干道路，使得原线路地面空间得到“缝合”，还能从单一的交通功能转化为多功能城市生活区。同时为留存铁路文化风貌，原地面上的京张旧线路会进行合理保留，在沿线建成一条 9 公里长的京张铁路遗址公园，这是一条集绿化、文创、休闲功能为一体的生态长廊、文化长廊、活力长廊，能够服务沿线 7 个街镇、10 所高校、近 70 个社区。公园未来还计划继续向北延伸至铁路线之外，总长最终会达 13 公里。

为了更好地满足人民生活多样化的需求，京张遗址公园在规划过程中采用了“政府组织、专家领衔、部门合作、公众参与、科学决策”[①] 的方法，通过发布新媒体公众号文章、开展互动研讨会和座谈会、举办国际设计周、创建高校工作营等方式提升项目的关注度和群众参与度。在选定公园设计方案时，主办方[②] 通过“北京海淀”“规划中国”两个微信公众号公开展示入围的 6 个国内外设计方案，同时开放投票通道。为期 10 天的票选活动吸引了超过 10 万人次参与，最终胜出的 3 个方案与专家委员会选出的结果不谋而合。这次公众评选活动收到了极好的社会反响，是城市绿色建设践行“共建共治共享”理念的生动案例。

作为京张铁路遗址公园建设的“开山之作”，五道口启动区已经在 2019 年与公众见面，这段长约 800 米的铁路桥经初步绿化改造后，受到了社会各界和周边居民的认可和喜爱，也让人们更加期待公园的全面建成。按计划，2021 年将会完成知春路至成府路段约 2 公里的建设任务，

---

① 邱跃:《落实科学发展观，规划节约型城市》,《北京规划建设》2008 年第 3 期。

② 京张铁路遗址公园贯通概念方案征集活动由北京市规划和自然资源委员会与海淀区政府主办，北京市规划和自然资源委员会海淀分局与区园林绿化局承办，清华同衡规划院和北京城建院作为技术支撑团队。

届时相信会给人文海淀再次注入绿色活力。

2. 京张高铁生态廊道项目

京张高铁生态廊道是京冀城市间重要的生态景观空间，是区域协同建设的重点生态工程。生态廊道的建设秉持以人为本的设计理念，把提升旅客的观景体验作为宗旨，从列车中旅客的第一视角出发进行造景。京张高铁及崇礼铁路绿化项目划分为“城郊风光段”“关塞风光段”“大泽风光段”“燕北风光段”“雪国风光段”5 大景观段，因形就势地根据不同的周边环境和气候条件进行景观设计，营造出多种意境和风格。为了配合高铁不同路段的车速，景观设计师还对两侧的景观节奏和层次进行了相应的设计，以乘客的观景视角为基准，车速越快、视点越高的区域，两侧景观层次和节奏的变化尺度就越大，整体效果就越突出，从而保持全线观景体验的和谐统一。

京张高铁作为北京冬奥会的重要配套工程，是一条开往冰雪世界的列车，因此京张高铁生态廊道工程在“树有高度、林有厚度、三季有花、四季常绿”的目标指导下突出冬季景观的建设，重点解决冬景不显、沿线常绿树总量低、冬季景观缺绿少彩的问题。解决办法主要是增加油松、白皮松、侧柏等北方常绿树种的种植，保证冬景的基本色彩，然后以常绿植物为基色，再种植红端木、黄瑞木、金枝槐等彩色树木作为前景，加上精妙的配比和设计，形成冬季特有的美丽景观。

京张铁路既要服务冬奥，也要造福人民。一方面，生态廊道项目在设计时考虑到了沿线村庄对绿地的需求，在与村庄交汇之处建设了一些“村头林地”和“村头公园”，供当地村民休憩使用；另一方面，生态廊道项目设计规划还提出了“绿富双赢”的目标，既打造绿化带也打造富民产业带，既建生态林又建经济林。借生态廊道建设的东风发展当地绿色产业，帮助当地农民增收，助力打赢脱贫攻坚战。在第一产业上，因地制宜地推广蔬果、花卉种植和林下经济作物的种植，提高造林绿化的经济效益。在第三产业上，大力发展当地的生态观光、休闲康养、乡村旅游等绿色行业，建成新型森林生态综合体，实现“既要绿水青山，也要金山银山”的目标。

（四）保护古迹，连通历史现代

有着百年历史的京张铁路留下了太多历史遗迹，通过周密的规划和先进的保护技术，这些老建筑也得到了妥善安置。在清河站的老站房保护工程中，为了保留这个百年建筑，先是对其整体框架结构进行了加固，然后使用专用轨道将其向东整体平移358.5米，这样既完整地保护了历史遗迹，又解决了新站房的选址问题。新的清河站站房是一座充满现代风格的建筑，新老两站相邻坐落、交相呼应，构成了京张高铁上唯一一处新老站房同框的独特风景。

八达岭长城是国家5A级风景区，京张高铁为保护历史古迹在此建成隧道从下方穿过。八达岭长城站在规划之初曾引起争议，一种观点认为火车站会破坏风景区景观的整体性，应该建造在景区之外，另一种观点则认为高铁在此设站就应该方便旅客前往景区参观，车站应当靠近景区。最后的建设方案坚持了以人为本的理念，在毗邻景区的地点进行102米的深埋，建造出一座全世界最深的地下高铁站。车站的外观采用了“隐于山间”的设计理念，似“神龙见首不见尾”，以石材为主的立面材料接近山体岩石和长城的质感，让站房与长城和周围的自然环境融为一体。地面站房顺山体走势而建，充分利用自然地形。同时在建筑的屋顶进行覆土绿化，运用适宜当地气候的新型技术降低种植成本，以此弥补给生态环境带来的不利影响。

三、案例点评（经验与启示）

京张高铁、京雄城际铁路及其生态廊道建设因地制宜地将人文高铁、智能高铁和绿色高铁相融合，将保护生态环境贯穿于规划、设计、建设、运营全过程，大力开展沿线生态修复养育工程，以人为本地打造出一条集生产生活生态于一体的绿色廊道空间，较为有效地解决了铁路建设同环境保护之间的矛盾，留下了许多可推广、可复制的经验。

（一）正确处理生态环境保护与发展的关系

“顺天时，量地利，则用力少而成功多。”人类只有尊重、顺应和保护自然，才能有效防止在开发利用自然上走弯路，如果为了一时的经济利益而以破坏生态环境作为代价，这种发展是不可持续的。京张高铁和京雄城际铁路的建设始终将生态保护摆在突出位置，坚持节约优先、保护优先的方针，把铁路建设限制在自然资源和生态环境能够承载的限度内，一边开发一边修复，将沿线生态影响做到最小。同时因地制宜、因势利导，充分利用沿线生态资源，在现有的景观基础上进行适当改造，打造出一条山水林田深度融合的生态长廊，实现了发展和保护的有机统一。

（二）坚持以技术创新引领绿色发展

技术创新是京张高铁和京雄城际铁路实现绿色畅通的重要前提。大到桥梁搭建、车站建造使用的基于 BIM、GIS 开发的智能建造系统，以及全封闭声屏障工程和地下高铁站的建设，小到列车上的灰水回流系统、铁路路堤边坡智能化毛细渗灌节水系统等，每一个细节的背后都有着一项创新技术作为支撑。

从另一角度看，保护生态环境就是保护生产力，改善生态环境就是发展生产力。绿色高铁的建设对环境保护的要求越来越高，也倒逼了相关技术的发展，实现以环保促创新、以创新促环保的良性循环。“智能”与“绿色”是相辅相成的两个发展理念，成为我国高铁事业发展的新方向。

（三）坚持良好生态环境是最普惠的民生福祉

“民之所好好之，民之所恶恶之”。发展经济是为了民生，保护生态环境也同样是为了民生。人民对美好生活的需要愈发迫切，对良好生态环境的需要也愈发迫切，因此绿色发展要以解决人民的需求为出发点和落脚点。

京张铁路和京雄城际铁路的绿色建设凸显了以人为本的方针。例如京张铁路遗址公园设计方案的选定，采用了公众投票的方式来听取广大群众意见，充分汇集了民智民力，提升了人民群众的参与感和幸福感，也保证了公园能够切实满足人民生活需要，更好地统筹生产生活生态空间。在京张铁路公园五道口启动区开放后的第5天，有热心市民通过12345市民服务热线提出建议，希望公园启动区在西侧开通入口，方便西侧的居民进出公园。仅过了18天，在街道、设计方和施工方的共同努力下，公园西侧的出入口即宣告完工，大大缩短了上万居民的步行距离。细微小事也将以人为本的理念体现得淋漓尽致。

京张铁路和京雄城际铁路生态廊道建设采取了“政府得绿、企业得利、农民得益”的策略，把生态廊道建设与发展林果产业、促进农民增收、打赢脱贫攻坚战结合起来，实现效益最大化，让农民在生态廊道建设中得实惠，进而更加积极主动地参与到生态廊道的建设中。实现发展为了人民、发展依靠人民、发展造福人民的目标。

（四）建立生态建设的多元共治机制

两条铁路和其生态廊道的建设中，地方政府与铁路企业之间实现了“路地联动、路地结合”，共同参与了规划、设计和实施环节，达到了“1+1>2”的效果。一方面，铁路用地的生态绿化带是生态廊道的一部分，其绿化水平的提升为项目区域内生态环境的稳定性和完整性做出了贡献；另一方面，铁路周边绿化及整治工作对保障铁路行车安全有着重要的作用。生态廊道所形成的完善生态系统有助于保护铁路用地内的原有植被，对保持路基道床的稳定有积极的影响。同时，对沿途废弃矿山进行整理、覆土和复绿也有利于保持水土、防治风沙，降低泥石流出现的概率，有利于高铁的行车安全。

生态环境作为一种具有外部性的特殊的公共物品，其治理工作涉及政府、社会组织、个人等多方利益。在传统的以政府为主导的环境治理模式中，企业和群众的参与性、主动性很低，政府的治理成本很高，政策的效果也相当有限。如果能够在生态建设中建立起多元共治的机制，将政府、企业和社会结合起来形成合力，实现共同参与、共同负责、成果共享，不仅治理的效率会得到提升，应对复杂、全局和长期问题的能力也将有所增进。

作者简介

李梦可，铁道党校法学教研部教师。

深化农村改革　激活村落资源

——生态脱贫的洪江实践

习近平总书记多次对“三农”工作做出重要论述，是打赢脱贫攻坚战和实施乡村振兴战略的根本遵循。习近平总书记强调，“随着时代发展，乡村价值要重新审视。现如今，乡村不再是单一从事农业的地方，还有重要的生态涵养功能，令人向往的休闲观光功能，独具魅力的文化体验功能”“田园变公园，农房变客房，劳作变体验，乡村优美环境、绿水青山、良好生态成为稀缺资源，乡村的经济价值、生态价值、社会价值、文化价值日益凸显。适应城乡居民需求新变化，休闲农业乡村旅游蓬勃兴起”“要抓农村新产业新业态”“发展乡村休闲旅游、文化体验”[①]。习近平总书记指出“要深入挖掘、继承、创新优秀传统乡土文化。要让有形的乡村文化留得住，充分挖掘具有农耕特质、民族特色、地域特点的物质文化遗产”[②]。习近平总书记强调改革的关键作用，“改革是乡村振兴的重要法宝。要解放思想，逢山开路、遇河架桥，破除体制机制弊端，突破利益固化藩篱，让农村资源要素活化起来，让广大农民积极性和创造性迸发出来，让全社会支农助农兴农力量汇聚起来”“深入推进农村土地制度改革、

---

① 中共中央党史和文献研究院编：《习近平关于“三农”工作论述摘编》，中央文献出版社 2019 年版，第 99—100 页。

② 中共中央党史和文献研究院编：《习近平关于“三农”工作论述摘编》，中央文献出版社 2019 年版，第 124 页。

农村集体产权制度改革”“为乡村振兴提供全方位制度性供给”[①]。习近平总书记进一步指出，“清除阻碍要素下乡各种障碍，吸引资本、技术、人才等要素更多向乡村流动，为乡村振兴注入新动能。要坚持和完善农村承包地‘三权分置’制度，探索盘活用好闲置农房和宅基地的办法，激活乡村沉睡的资源”[②]。

一、背景情况

贵州省荔波县，因为茂密的喀斯特原始森林而被誉为“地球腰带上的绿宝石”。洪江村位于荔波县朝阳镇，地处大山深处，是一个以布依族为主，水族、苗族混居的聚居村落，80% 的村民为布依族，其余为水族和苗族。全村耕地面积 924 亩，共有 9 个自然寨、10 个村民小组、384 户 1484 人，现有劳动力 983 人。洪江村毗邻拥有“世界自然遗产地”和“世界生物圈保护区”两张世界级名片的国家级自然保护区小七孔景区，自然风光秀丽，民族节日多姿多彩，民族风情古朴浓郁。长期以来村民过着传统农耕的生活，村里的妇女世代都会扎染和织布，从栽种棉花到捻成棉线，再到纺织、染制、缝制，扎染古布技艺传承至今已有上千年历史，手作花布经纬密实，色泽以蓝白为主，图案以格子条块为主。更为可贵的是村里保留了 100 多栋古老的布依族干栏式建筑，整体风格为干栏式厅屋组合结构。一般人家为“四扇三间”，也称“三间过”，即“一明二暗”，明为厅，次为屋的土木结构，有上百年历史，大都采用当地木材和砖石修建而成，一些老宅内还留有织布机、竹编等传统物件，这些“人居其上，猪牛在下”的古建筑，是布依族特有的建筑，承载着村民世代祖辈先居生活

① 中共中央党史和文献研究院编：《习近平关于“三农”工作论述摘编》，中央文献出版社 2019 年版，第 16 页。

② 中共中央党史和文献研究院编：《习近平关于“三农”工作论述摘编》，中央文献出版社 2019 年版，第 38 页。

的人文符号，是洪江村民寻根溯源、敦本睦亲的载体，具有鲜明的山区地方特点和浓郁的民族特色。洪江村经济来源主要以种植业、养殖业和劳务输出为主，由于地处喀斯特山区，生态环境脆弱、道路基础设施落后、传统农业薄弱，洪江村一度陷入青壮年外流严重的“空心村”和深度贫困村的困境。通过深化农村改革，激活村落资源，洪江村转变为吸引国内外知名艺术家聚集的“国际文化艺术村”，带动群众脱贫致富。2020 年 10 月洪江村贫困人口实现动态清零，2020 年人均可支配收入达 11119 元。

二、基本做法

贵州省荔波县洪江村毗邻国家级自然保护区小七孔景区，拥有布依族、水族、苗族多民族共生的村庄历史，背靠荔波机场和榕麻高速公路，资源富集，但一度陷入“空心村”和深度贫困村的困境。2016 年 4 月，贵州省委组织部调整省直单位脱贫攻坚定点帮扶县，省教育厅选派马丽华同志到洪江村开展定点帮扶工作，任第一书记。经过全面、深入的走访调研，马丽华和驻村队员发现，洪江村最大的问题是“空心村”，没有产业，留不住人。虽然，村子地处喀斯特山区腹地，自然景观优美，但是生态环境易遭破坏的薄弱区，脱贫产业选择必须因地制宜，发展生态环境友好的绿色产业。

经过对洪江村落资源的深入调研、收集、整理，马丽华和驻村队员决定以干栏式老房、孝老爱亲的“福马”文化和整村织布的手作布艺农耕文化的活化开发作为实现脱贫攻坚、乡村振兴的落脚点。洪江村保留 100 多栋古老的布依族干栏式建筑，随着时代变迁，村民们陆续走出村子打工，有些人为建新房，要么拆掉老房，要么闲置荒废。村里闲置的很多老房，因年久失修而残败不堪。马丽华同志与村支“两委”、脱贫攻坚驻村工作队共同努力，提出“老旧房复活”的概念，提炼出“非遗洪江、艺术洪江、匠人洪江、生态洪江”的基本框架。从激活年久失修、残败不堪、倒塌撂荒的布依族干栏式老房入手，独辟蹊径，以老房为媒吸引艺术家到村进行创作，探索“活化干栏、激活村落”老房改造，构建独具特色的“村落遗存的艺术活化”产业。

在驻村第一书记马丽华带领下，洪江村以村落闲置废弃干栏式老房作为媒介，依托荔波发展民宿旅游的优惠政策，有目标地进行对外联系、交流沟通。在广泛深入调研的基础上，定位北京宋庄，向有乡村情怀的艺术家进行推送，点对点地进行沟通，对外传递洪江村的民风民俗、建筑、民间艺术，村落格局、原生景观、生活形态、劳作方式等民族文化和乡村风俗信息，吸引了常住北京，来自美国、西班牙、瑞士和全国各地的艺术家来到洪江村，租下废弃老房、倒塌的撂荒老屋，遵循修旧如旧的原则，进行老房改造、艺术创作，30 年租期完成后，艺术家将装修好的房子完整归还给房主，让他们传承给后代。艺术家租房后，对老房进行艺术工作坊兼居室改造，将各种文化艺术符号还原在砖瓦木料、丹漆粉涂之上，彰显在品墙方砖、花鸟人物的干栏上，使“废旧房”变成了艺术家的“文创房”，全面激活闲置破败老房。经过媒体宣传和口碑相传，到洪江的各类艺术家及投资人不断增加。来自国内外的艺术家逾 200 人次到访洪江村，开展文艺创作。昔日的“空心村”转变为现代人寻找乡愁和诗意栖居的“国际文化艺术村”，赢得“北有宋庄，南有洪江”的美誉。

为支持国际文化艺术村建设，洪江村积极探索农村集体建设用地使用权制度改革。2017 年，黔南州人民政府印发《关于荔波县申请将洪江风光带 10 个村列入黔南州农村集体建设用地使用权制度改革试点的批复》（黔南府函〔2017〕66 号），将洪江村列为全州 3 个农村集体建设用地使用权制度改革试点之一，荔波县出台《农村集体建设用地使用权制度改革试点村宅基地有偿退出实施方案》等四个配套性政策措施，通过县有关部门抽调业务人员组建工作专班，围绕改革试点相关文件精神，进一步梳理改革任务，新占地要严格执行土地利用规划，守住改革的底线和边界。一是明确基准地价。进一步明确洪江村集体建设用地基准地价，提供土地有偿使用定价依据和使用权流转价格指导基本地价为105元每平方米。二是探索宅基地“三权分置”。在已完成洪江村宅基地外业测量工作基础上，探索农村宅基地所有权、资格权、使用权“三权分置”，充分盘活长期低效利用和闲置宅基地。全村除农村公共设施、公益事业用地和村民符合“一户一宅”条件的宅基地外，其他集体建设用地，可通过有偿方式授予用地申请人，使用年限可参照相同用途国有土地的有偿使用年限确定。闲置老房被全面激活，已收储废旧房屋和宅基地1.52万平方米，支付群众补偿资金280余万元，88位艺术家入驻洪江，涉及艺术评论、绘画、诗人、雕塑、编剧、导演等。艺术家“认养”废弃老房、倒塌的撂荒老屋后，依照修旧如旧的标准加以修复，既将传统干栏式老房保留下来，又给村民带来了收入，“闲置地”成了名副其实的“生财地”。

艺术家的参与推动“艺术+旅游”深度融合，带动“三个方面”发展，开创了独具洪江特色的“村落遗存的艺术活化”道路，推动形成具有地方特色的生态产业体系。一是着力带动村民发展。村里组建布依族老房建筑修复队伍149人，其中贫困户72人，2018年、2019年老房修复队收入达300余万元，村民既增加了收入又传承了技艺。二是着力带动村集体发展。洪江村集体经济富洪实业有限公司，通过收储推荐老房、提供劳动力就业服务，增加村集体收入，同时也带动餐饮住宿。2019年外出务工回流就业142人，参与老房修复、农业产业、艺术服务等。三是着力带动旅游业发展。打造洪江艺术交流中心，为艺术家们提供培训、交流的平台，不定期开展文学艺术创作、文化沙龙、艺术展览、艺术交流、教育培训、文创设计等活动，如：“写生中国走进洪江”“国际动漫走进洪江艺术展”“亮相洪江·艺术家代表作品展”“入驻艺术家文献展”等大型艺术活动，为洪江聚集了人气，提振了精神，推动旅游服务业逐步兴起，目前全村已有餐饮4家、民宿7家、床位150个。依托民族文化，洪江村发展乡村文化旅游产业，村民的观念逐渐改变，发展自信增强，返乡创业人员逐渐增加，村落业态逐渐发展起来。村里挖掘布依族民族文化资源，结合手工制作的技艺人才，传承布依文化的需求，撬动资源建设洪江民族布艺传承手工坊，成立布艺合作社，集织、扎、染及布艺培训为一体，培训农村妇女，创立“福马蛊布”本地地缘文化品牌，保留纯手工制作体现布依族扎染艺术特色和现代家居装饰需求和现代旅游消费需求相结合的桌旗、抱枕、书包、床单、旅游纪念品等，实现了当地妇女就近就业。在发展“艺术村落”文化产业的同时，洪江村通过土地流转、参股分红、吸纳就业、承包经营等多种方式，按照“支部＋公司＋农户”的产业扶贫推进模式，引进小苞谷、富洪实业、荔波蓝天电子商务等企业，发展蔬菜、金线莲、大蒜、蚕桑等产业 850 亩，全村 187 户群众在土地流转中受益，不断拓宽群众的增收渠道，促进村民收入快速提高。村里聚焦贫困户，坚持在推动产业兴旺中推进“志智”双扶，积极把贫困户培育成产业发展、勤劳致富的示范户，树立了看得见、摸得着、学得会的榜样，有力扩大了精准扶贫的示范效应。

为给未来发展奠定良好基础，洪江村不断完善基础设施建设，村落生态环境和村民生活环境得到了极大改善。一是配套村庄基础设施。洪江村结合美丽乡村建设需求争取财政奖补“一事一议”等项目资金 320 万元，改善了全村水、电、路、讯、寨等村组基础设施条件。结合洪江布依族干栏式建筑风貌，对 10 个村民小组全覆盖进行环境整治及房屋外立面。投资 280 万元配套路网、福马文化广场、道德讲堂，既为群众提供了文化活动场所，又为开展“推动移风易俗，树立文明乡风”宣讲活动提供了平台。配备垃圾箱和垃圾清运车，组织村组干部、党员、护林员，对村头巷尾、沟渠和道路两侧各类陈年垃圾进行集中清理，消除卫生死角，使洪江村从昔日“脏乱村”转变为“美丽乡村”。二是配套艺术家生活设施。逐步规划建设或改建一些配套的休闲业余生活设施，适应艺术家生活节奏和为艺术家提供公共交流场所。建成洪江村艺术交流中心、村史馆。三是配套艺术发展及培训设施。依托原洪江小学校舍，借助中国—东盟教育交流周平台，谋划建设美育研学基地，让洪江走出去，同时为广大艺术爱好者和艺术高考生提供高水准专业化服务。随着基础设施和社会服务的改善，村子面貌发生很大改观，生活环境得到极大改善，优化了村域生态空间，提高了乡村的生态价值，凸显了乡村振兴“生态宜居”的要求。

三、案例点评（经验与启示）

在我国城镇化和工业化发展的过程中，农村资源、要素和人才外流，农村内聚力不足，产业链短、附加值低，基础设施和社会服务配置差，导致农村产业空心化、基础设施和社会服务空心化[①]。洪江村深化农村改革，激活村落资源，探索生态脆弱少数民族“空心村”可持续发展道路，实现生态效应、经济效应和减贫效应的三重目标，彰显了习近平新时代中国特色社会主义思想的实践伟力，对贵州乃至我国其他后发地区有启示意义。

（一）“生态＋地方特色”的可持续发展道路

生态友好是乡村产业兴旺的前提和基础，洪江村的关键成功要素是定位准确，在“生态＋地方特色”方面下功夫，深度挖掘自然生态、特色农业、民风民俗、文化遗产等村落资源，从激活年久失修、残败不堪、倒塌撂荒的布依族干栏式老房入手，独辟蹊径，以老房为媒吸引艺术家到村进行创作，探索“活化干栏、激活村落”老房改造，构建独具特色的“村落遗存的艺术活化”产业。经过努力探索，洪江村由原来的空心村成为远近闻名的“文化艺术村”，被誉为“北有宋庄，南有洪江”。洪江村大力发展生态农业和旅游业，构建具有地方特色的生态产业体系，村民通过有偿退出、空房租赁、老房修复、餐饮住宿服务、管理房屋、文化服务等形式增收。通过挖掘村落文化价值聚合人气、外部优势资源和人才，增强了村民的发展自信，群众收入快速提高，返乡创业人员不断增加，基础设施建

① 王国刚、刘彦随、王介勇：《中国农村空心化演进机理与调控策略》，《农业现代化研究》2015年第1期。

设、村容村貌发展较快，生活环境明显改善，群众获得感不断增强，村民生态文明意识、文化自信极大提升，形成了可持续发展的良性循环。洪江村发展实践说明，实施乡村振兴战略要坚持因地制宜，扬长避短，发挥优势，深挖潜力，形成特色，靠特色定位。坚持人无我有、人有我特的发展思路，是实现差异化发展，避免同质化竞争的必然要求。

（二）农村改革的重要制度杠杆作用

党的十九大提出“深化农村土地制度改革，完善承包地三权分置制度”，党的十九届五中全会通过的《中共中央关于制定国民经济和社会发展第十四个五年规划和二〇三五年远景目标的建议》提出，探索宅基地所有权、资格权、使用权分置实现形式，对深化农村宅基地制度改革提出了明确要求。洪江村是黔南州农村集体建设用地使用权制度改革试点村，积极探索集体建设用地有偿使用制度。洪江村探索农村宅基地所有权、资格权、使用权“三权分置”，充分盘活长期低效利用和闲置宅基地。例如过去荒废的废旧房屋基地，试点改革后每平方米指导价 105 元，每亩 7 万元，土地实现了增值。在推进集体建设用地有偿使用制度改革试点中，洪江村坚持底线，不触红线，锐意进取，大胆探索，有力推动“活化杆栏、激活村落”，撬动城市人才、资源和要素参与乡村振兴。随着众多艺术家造访并入驻洪江村，带动创意产业发展，推动形成具有地方特色的生态产业体系，村民的发展自信不断增强，生计模式发生了变化，由原来的传统种植业、养殖业和劳务输出转变为多样化的生计来源。洪江村的实践说明，农村改革在打赢脱贫攻坚战、实施乡村振兴战略中起关键作用，是撬动乡村产业发展和城市先进生产要素回流、激活村落发展，进而实现生态脱贫的重要制度杠杆。

（三）村域经济——社会——生态的多维层次重构

乡村重构是指在我国城镇化和经济向高质量发展转变的背景下，整个社会对于乡村生态、文化、产业等多元价值的重新认识与挖掘，在不改变乡村自然景观风貌和人文资源的前提下，整合和更新乡村优势资源、要素和人才，从而实现城乡要素的双向流动与融合的重要手段[①]。乡村重构是农村发展的内在动力，是在多方参与、开放协作的外部推力作用下形成的农村地区社会经济结构的全面重塑。洪江村深化农村改革，激活村落资源的实践，实现村域经济——社会——生态的多维层次重构，重塑乡村发展的社会经济结构，使村域发展进入良性循环，在经济方面，运用文化、艺术等创意手段提升传统村落，加快发展农业和农旅结合的新业态，适应新时代消费者多元化的需求，突出发展文化型、生态型等创意农业，培育绿色农业等，塑造乡村发展的产业价值链，实现农业增效、农民增收，培育乡村发展的内生动力，形成可持续的村域发展路径；社会方面，民族文化的创新开发，使得艺术家成为新村民，城市精英成为行动者，把外部优势资源、要素和人才引入乡村。艺术家的到来，既活化了民族传统古建筑和文化，也让村民们重新认识了乡村、增强了村民文化自信和发展自信，返乡创业人员不断增加。村民表示，“从前总以为我们的老屋子陈旧、不上档次，村里前后拆了二百栋，如今想起来都懊悔”；生态方面，通过村落民族传统文化和村落产业的融合发展，乡村面貌持续改观，生态价值不断增加，村民在增强获得感中生态文明意识、文化自信不断增强，激发脱贫奔小康、追求美好生活的内生动力，走上绿色发展的可持续道路[②]。洪江实践说明，推动乡村重构并形成可持续发展的道路，是破解“空心化”问题，实现乡村振兴的重要途径。

（四）完善的发展保障机制

洪江实践得益于完善的发展保障机制。首先，洪江村建立健全“国际艺术村”管理机制。2017 年 4 月荔波县委、县政府成立工作组，聚焦艺术家入住宅基地使用权突破、艺术家准入机制、工作运行机制等方面开

① 丁寿颐：《转型发展背景下的乡村重构与城乡关系的思考——北京“何各庄模式”的实证研究》，《城市发展研究》2013 年第 10 期。

② 雷德雨：《创新民族文化开发与乡村振兴有效路径——乡村重构视角下的贵州省黔南州洪江村研究》，《特区经济》2019 年第 8 期。

展工作。设立三个“委员会”。一是建立管理协调机构。成立由县领导牵头，宣传文化、自然资源、住建、交通、朝阳镇等相关部门组成的洪江国际艺术村协调工作组，负责洪江村发展定位等总体框架和方向性、长远性工作的统筹。二是设立专家咨询委员会。以驻村艺术家为主体，各级文化艺术专家、村支“两委”负责人、乡贤等代表组成专家咨询委员会，负责制定艺术家入驻洪江村准入门槛或标准并组织评审，对洪江的规划建设提出意见建议，真正把洪江村建设成为艺术家和村民和谐共处的家园。三是建立行业自治性组织。由艺术家推选李向明等 5 名艺术家代表组成行业自治性组织，发挥艺术家自主管理、自我约束的主人翁精神，并保障艺术家合法正当权益，搭建艺术家和村民联系沟通的纽带和桥梁。其次，注重规划引领，合理布局“三个空间”。洪江实践是乡村地域系统中生产——生活——生态空间的优化调整和变革的过程，与合理的规划密不可分。一是布局好概念性空间。在保持洪江村原始风貌基础上，做好概念性规划，明确功能分区，尊重艺术家群体的需求和村民发展诉求，尊重艺术发展规律，发挥村民和艺术家的积极性。二是布局好国土空间。编制完成《荔波县朝阳镇洪江村村庄规划（2018—2035 年）》，并报上级审核备案，对洪江村生产、生活、生态作出合理安排，提供土地开发利用依据。三是布局好艺术发展空间。制定艺术村发展规划，合理布局艺术空间的创作区、展示区、休闲区和活动区，吸引一批艺术家来村里驻点创作，提高知名度、美誉度。正是在健全的管理机制和科学规划引领下，洪江村实现了少数民族“空心村”生态脱贫的成功探索，走上绿色发展的可持续振兴道路。

作者简介

雷德雨，中共贵州省委党校（贵州行政学院）经济管理教研部副主任、教授。

黄土古塬上的绿色发展

——全国苹果第一县“洛川”的生态农业实践

“绿水青山就是金山银山”。这是重要的发展理念，也是推进现代化建设的重大原则。绿色发展是生态文明建设的必然要求，代表了当今科技和产业变革方向，是最有前途的发展领域。

绿水青山就是金山银山，阐述了经济发展和生态环境保护的关系，揭示了保护生态环境就是保护生产力、改善生态环境就是发展生产力的道理，指明了实现发展和保护协同共生的新路径。绿水青山既是自然财富、生态财富，又是社会财富、经济财富。保护生态环境就是保护自然价值和增值自然资本，就是保护经济社会发展潜力和后劲，使绿水青山持续发挥生态效益和经济社会效益。

坚持绿色发展是发展观的一场深刻革命。生态环境问题归根结底是发展方式和生活方式问题。要结合推进供给侧结构性改革，加快推动绿色、循环、低碳发展，形成节约资源、保护环境的生产生活方式。要探索以生态优先、绿色发展为导向的高质量发展新路子。要从转变经济发展方式、环境污染综合治理、自然生态保护修复、资源节约集约利用、完善生态文明制度体系等方面采取超常举措，全方位、全地域、全过程开展生态环境保护。

生态环境保护能否落到实处，关键在领导干部。各级党委和政府要切实重视、加强领导，纪检监察机关、组织部门和政府有关监管部门要各尽其责、形成合力。

一、背景情况

“金粉漫施悦人颜，食后流涎仍觉甜；笑问珍果何处出，神工点缀洛川塬。”洛川县位于陕西省延安市南部，境内有洛河穿过而得名。全县总面积1804平方公里，辖8镇1个街道办196个村，总人口22.1万，其中农业人口16.1万，是传统的农业大县。1937年在这里召开了我党历史上著名的“洛川会议”，成为中国全民抗战革命的历史转折点。

全县整体位于渭北黄土高原沟壑区，平均海拔1100米，土层深80～140米，塬面平坦，土地宽广，质地优良，是黄土高原面积最大，土层最厚的塬区，也是目前世界上保存最完好的古塬地貌之一。全县多年平均气温9.2℃；日照充足，日照率58%，太阳辐射充足；昼夜温差大；雨热同季，多年平均降水量623.2毫米，7—9月占年降水量的67%；无霜期170天；土壤、大气、水资源洁净，是世界上完全符合苹果生长7项气象指标的区域，是全国优势农产品区域化布局确定的最佳苹果优生区，具有发展苹果得天独厚的自然资源优势，素有“陕北仓”和“苹果之乡”的美誉。

洛川苹果栽培历史悠久。1947年，敢为人先的洛川人在陕北率先引进种植苹果，被毛主席称赞为“黄土高原上的伟大创举”，创造了“黄土高原的奇迹”。经过70多年的坚持和发展，洛川苹果先后历经了引种推广、产业开发、规模扩张、专业提升等阶段。洛川苹果产业已成为本地经济发展的支柱产业，也成为全国最大的苹果主产省陕西的一张“名片”。全县耕地面积64万亩，其中苹果总面积53万亩，农民人均3.3亩，居全国之首，建成了全球最大的集中连片苹果种植生产基地。洛川苹果以“果型端庄、色泽艳丽、风味浓郁、营养丰富、极耐贮运、绿色安全、营养健康”等品质特色享誉市场，洛川苹果累计荣获国家及省优、部优奖180多项，被确定为中国女排专供苹果、北京奥运会专供苹果、人民大会堂和全国人大会议中心指定水果、西门子指定礼品果、国家载人航天部专供苹果、2010年上海世博会接待用苹果，共计取得近30个重大冠名权。洛川县先后被确定为全国优势农产品（苹果）产业化建设示范县，优质苹果标准化生产示范县、国家农产品质量安全县。

二、基本做法

大自然赋予了洛川得天独厚的自然优势，经过70多年的发展，洛川县委乡政府带领当地人民，将苹果产业的规模优势和质量品牌优势不断夯实和扩大，专业化和商品化的程度不断提高。尤其是经过20世纪80年代的技术推广、90年代的产业开发和品牌打造，在21世纪前10年洛川苹果的种植规模、产品质量、品牌知名度和国际地位等均得到了一个飞跃、上升到了一个新高度，预计2020年洛川苹果总产量达95万吨，综合产值将突破百亿元。但它的发展并不是一片坦途，洛川苹果产业也存在着制约当地苹果产业高效、可持续发展的新问题，同时也面临着新的发展机遇。

第一，市场竞争等外部环境因素。苹果产业正面临第二轮大洗牌。

国内外市场产量和产品同质化竞争日趋激烈，全国苹果种植面积快速扩张，全国苹果总量整体供大于求，国内苹果销售普遍出现价格低迷、销售缓慢的现象。

第二，资源环境约束加剧的内部环境。多年生产高度专业化和集约化，土地资源利用程度高，本地苹果种植面积接近饱和，单纯依靠规模扩张的空间和潜力正在缩小，果业发展方式亟待转变。

第三，农民持续较快增收的迫切要求。随着生产资料和劳动力成本逐年升高，在富民强县的目标要求下，单靠目前的苹果生产模式难以实现，迫切需要转向提质增效的内涵式发展轨道，需要采取一系列措施加快发展方式转变。

第四，果业基础薄弱的问题更加突出。受全球气候变化和极端天气影响，旱、雹、冻、病、虫等自然和生物灾害影响更加严重，完善果园基础设施、提高果业装备水平、强化科技支撑保障的要求更加迫切，提升苹果质量的任务越来越重，确保质量安全的难度越来越大。

同时，洛川果业也面临着难得的发展机遇。

一是消费升级驱动。消费结构升级加快，市场上出现“优质高档苹果高价难求，低质低档苹果低价难卖”的现象说明，市场对品种多样化、优质安全以及均衡供给的要求越来越高。城乡居民的消费需求呈现个性化、多样化、高品质化特点，休闲观光、健康养生消费渐成趋势，果业发展的市场空间巨大。

二是科技驱动因素。新一轮产业革命和技术革命方兴未艾，生物技术、人工智能在农业中广泛应用，5G、云计算、物联网、区块链等与果业交互联动，新产业新业态新模式不断涌现，引领果业转型升级。

三是政策驱动因素。苹果产业是我国位居前列的重要水果产业，也是我国参与全球农产品竞争的优势产业。在农业农村优先发展方针下，更多的资源要素向农业领域聚集，果业发展环境不断优化。广大农民群众积极性高，全县上下形成了共谋苹果产业高质量发展的良好氛围。

新发展阶段如何迎战新挑战，拥抱新机遇？这些问题摆在了洛川人民的面前。党的十八大以来，洛川县委、县政府带领洛川人民，坚持以供给侧结构性改革为主线，以“绿色发展”为引领，洛川苹果转型升级行动陆续全力启动，围绕生态涵养、循环农业、科技创新、产业后整理、品牌建设（生态标识）、绿色金融、生态旅游服务等方面采取了一系列体现绿色发展的改革创新实践，让洛川现代农业“绿起来”，黄土古塬上的农民“富起来”。

（一）坚持“功成不必在我”，加强组织体系建设

苹果，是洛川物产的翘楚，更是洛川人民的希望。70余年的发展，洛川历任县委、县政府团结和带领全县群众紧盯苹果不放松、不动摇，一任接着一任干，始终围着苹果转，为洛川果业的发展打下了坚实基础。全县苹果面积居全国之首，是世界上苹果种植最集中连片的区域。党的十八大以来，面对新阶段和新任务，洛川县委、县政府领导干部坚持和加强

党组织的全面领导，牢固树立“绿色发展”精神，坚持“人民至上”，以“绿色发展”为引领推动地区果业供给侧结构性改革，通过构建系统、务实、有效的组织体系、制度体系和工作机制，带领洛川人民不断推动苹果产业迈向高质量发展。在采访中，县委主要领导干部表示，“在洛川，不能有‘前人栽树，后世乘凉’的思想，继任者必须在前任奠定的基础上，守正笃实，久久为功”。

洛川县先后成立了由县委书记任总指挥，人大常委会主任、县长、政协主席任副总指挥的苹果产业指挥部（指挥部在苹果局设立办公室，苹果局负责日常工作的开展）。全国唯一一家县级苹果产业管理局在洛川成立。在推进指挥部调度制度中，充分发挥洛川苹果现代产业建设指挥部总领导作用，坚持县委、县政府牵头，主管部门主抓，乡镇落实的联建机制，按季度或根据产业发展需要召开调度会，研究解决发展中的重大问题和难点问题，制定具体推进落实方案。同时，成立专门领导考核小组，建立科学量化指标体系，具体考核办法，制定赏罚严明的奖惩制度，定期考核，严格兑现奖惩，确保建设目标顺利实现；尤其注重“绿色苹果的考核”，全县“绿色苹果”考核内容占到乡镇综合考核分值的30%。指挥部办公室做好组织协调工作，落实乡镇、相关部门单位“一把手”负总责制度，形成抓落实合力。

（二）立足区域优势，涵养生态本底

果以土而立、以水而兴、以肥而优。洛川自然资源得天独厚，是完全符合苹果生长7项气候指标的最佳优生区之一。但苹果树根深叶茂，对土壤养分和水分消耗很大，常常造成水肥亏缺，减产枯萎或发生生理性病害。近年来为解决果园老化严重，苹果单产增幅较低等影响因素，涵养生态本底，重塑区域生态优势迫在眉睫。

2012年始，洛川以打造优质有机苹果生产技术推广示范项目为契机，启动加强水肥土管理等。洛川县委、县政府组织果业、植保、土肥以及企业技术力量，成立“洛川县优质有机苹果生产技术示范推广项目实施

组”，大力推广旱作技术，实行多项土壤、节水和肥料管理创新技术，同时协调其他相关部门做好加强生产基地的山、水、林、田、路综合治理，不断改善和提高生产条件和环境质量，努力构建黄土高原优质高效、生态安全的苹果产业发展技术体系，取得了一系列创新性成果。

首先，以新型农业经营为主体，积极实施“土壤肥沃”工程，开展化肥农药减量行动。由县农技中心负责对园区内果园每年进行土壤化验，指导果农科学施肥；由县苹果生产办负责指导，各乡镇实施，以“以草养园”为抓手，以示范带动为手段，通过果园种草、荒山荒坡种草覆盖果园，人工种植绿肥、豆菜轮茬、合理利用杂草或其他有机物料，定期刈草覆盖，打造“海绵果园”，实行保护地耕作。截至2019年，完成果园土壤改良30万亩。

其次，推广兴建旱作节水灌溉工程，提高水资源利用。洛川十年九旱，水资源时空分布差异大，属于半湿润易旱区。苹果产业靠雨养旱作，产量质量受降雨影响很大。为了有效地缓减水资源问题，洛川县组织新增有效灌溉面积7万亩，逐步实现肥水一体化。大力推广旱作节水技术果园覆草、穴贮肥水、微灌节水等推广旱作节水模式，千方百计保蓄土壤贮水、节水补水，实现“秋水春用”。2019年洛川水源地陆续出现了白鹭，绿头鸭等国家级保护动物。它们的到访，充分印证了水源地的生态环境越来越好。2015年洛川成为全国唯一整县通过国家绿色食品原料生产示范基地认证县，成为国内外集中连片规模最大的绿色食品原料标准化生产示范基地。

（三）实施“果草畜沼水”生态循环模式，完善绿色农业技术体系

通过多年的总结实践，洛川县广泛推行果畜结合生态循环模式，其中以苹果园果草畜沼水“五配套”生态循环模式最具代表性。

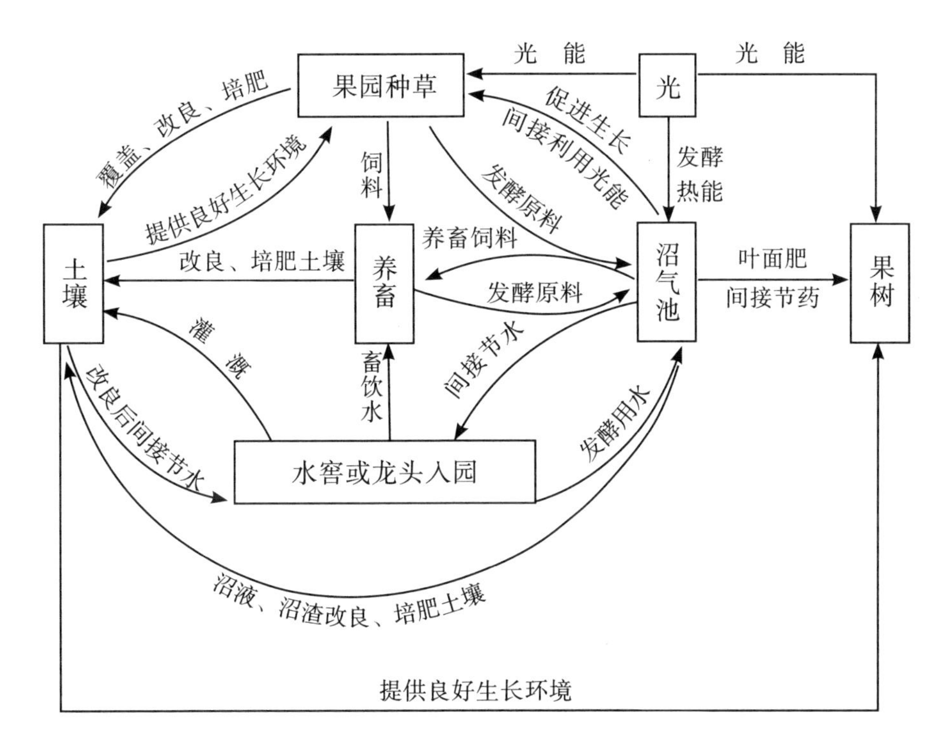

果园“五配套”生态循环模式图

“五配套”生态果园是以果园为主体，以沼气池为纽带，由果园、沼气池、养畜、果园种草以及水窖或龙头入园五大要素共同组成的一个生态循环系统。这种模式使果园生产和果农生活结合，养殖业与种植业结合，肥土水结合，使果园能量流、土壤能协调优化，土壤水肥耦合效应得以发挥，为优果增收打下良好基础。连续三年检测，“五配套”模式投入产出比为 1∶291，亩纯利润 3788.9 元；对照组为 1∶2.31 与 1490.1 元，亩纯收益前者比后者高出 2298.8 元。洛川绿佳源、明景等企业按照“果、草、畜、沼、水”五配套生态循环模式建立有机苹果生产示范园中，绿佳源果业公司实施不套袋有机生产，果品 315 项指标经检测全部达标，含糖量平均比其他区域所产苹果高 3% 以上，售价达每斤 13 元，消费者高兴地说：“吃绿佳源苹果，有回到童年的味道。”洛川县按照“以果定沼、以沼定畜、以畜促果”的生态循环农业发展思路，出台政策扶持农户和企业发展养殖业，巩固百万头生猪大县建设和十万只羊子养殖成果，发展循环生态果业，进一步大力实施种养循环一体化工程，节约资源保护环境的同时，实现生产、生活和生态协同发展。

（四）多措并举强化绿色标准体系建设

洛川县多管齐下制定苹果绿色标准化环境保护和生产体系制度规范，促进果业生态平衡和经济目标相统一。

国内率先颁布农产品地方生产标准，强化质量管理。2014 年洛川县制定了《延安·洛川苹果技术规范》等 16 项标准技术体系，确保全县苹果生产从苗木培育、建园栽植、日常管理、苹果营销等流程实现标准化管理，做到有标可依。进而，洛川县政府又推进出台洛川苹果全链条标准技术操作规程，制定洛川苹果品牌规范化管理章程，切实做到有标可依、无标创标，建立别具特色的地方行业标准体系，为洛川苹果产业高质量发展提供技术标准支撑。

严格产地环境管理，强化果品质量安全。建立投入品准入制度和农膜残留等废弃物回收消化制度，完善农资市场准入和产地果品准出管理机制，建立果园管理档案（苹果上户口）制度，严格执行农用物资负面清单管理制度（农药生产禁用清单、限制使用药剂清单）。在全县范围内，多部门联合执法，完善监管手段，加大对违规投入品、劣质农资的执法力度，营造公平、有序的市场环境。

建立农产品质量安全检测监管体系。洛川县苹果质量技术监督局负责加强对基地投入品、基地产品和基地环境进行检验检测。洛川县建立了县有中心、乡有站、企业（村）有室、户有记录的四级农产品质量安全检测监管体系，成立了苹果质量安全检验检测中心，在 10 个企业、20 个合作社建立农残监测点，形成了苹果质量安全检测监管体系。

创新推广质量安全可追溯体系。建成了农产品（苹果）质量安全追溯平台，大力推广使用包含苹果生产和质量安全信息的二维码，实现了从田间到餐桌的全产业链质量安全可追溯。全县整县通过国家绿色食品（苹果）原料生产示范基地认证，通过国家有机基地认证12.88万亩，2018年产业园苹果每斤售价平均较周边地区高出1元。

（五）苹果产业后期整理，提升全产业链综合效率

研判国内外苹果产业由总量不足转入结构性矛盾的发展形势，洛川提出苹果产业后期整理，用市场化思维，研究细分市场，通过分级分选、冷链冷藏、品牌营销等环节，提高苹果全产业链综合利用效率。

做优现代贮藏产业。加大对2000年前后建设的老旧贮藏设施的技术改造提升，到2025年，实现所有高耗能老旧贮藏设施全部改造提升，达到低碳、低耗、高效标准。

补齐现代冷链物流。大力发展“互联网+冷链物流”，依托“1+3+X”园区引进大型冷链物流企业，建立洛川苹果产销地全国冷链物流枢纽中心，整合果品、冷库、冷藏运输车辆等资源，实现市场需求和冷链资源之间的高效匹配对接，提高冷链资源综合利用率。

做大做强果品精深加工。以市场为导向，积极发展苹果籽提取物、苹果提取物复合营养片等日化产品和保健食品，加大苹果养生保健等高附加值精深加工新优产品开发力度，进一步延伸苹果精深加工产业链。

做活做足关联产业加工。加快苹果关联工业集中区建设，联合科研院所、大专院校设立果品关联产品重点研发实验室，研发一批集成本低、适应性强、绿色循环于一体的绿色储藏、动态保鲜等新型实用技术，加快苹果包装品生产向多样化发展，重点推广可食性被膜包装、透明包装材料、手工艺品包装物等产品。

（六）农废“变废为宝”，打造循环利用集群

针对苹果生产产生的大量废弃树枝、反光膜等果用废弃物得不到有效利用，对环境产生了较大污染，洛川推进果业废弃物循环利用项目，鼓励推进果业加工副产物循环利用、全值利用、梯次利用，实现变废为宝、化害为利。企业通过回收苹果树枝条、树干、树皮，玉米秸秆、玉米芯等农

林废弃物，进行直接压缩成为燃料，可发电、发热，提供绿色电力，满足企业及居民供暖需求；废弃物燃烧后的灰、渣可制作成保湿砖等新型建筑材料或有机果用肥料；果袋、反光膜、滴灌管等果业废弃物综合利用，还可开发新能源、新材料等新产品。这些循环模式不仅保护环境，还能增加果农的收入，直接提供就业近千余岗位。

2017 年引资山东琦泉生物科技有限公司建成生物质发电厂，年回收枝条 30 万吨左右，每天发电收入 80 万元，年产值 2 亿元。与电力企业合作推行农村“垃圾银行”模式回收反光膜，果农每收集 1 公斤反光膜将享受 0.3 元电价补贴，实现果园废弃物循环利用，有效解决了果园面源污染问题，年回收利用废旧反光膜 5000 吨左右，仅果树枝条和反光膜使农民果园亩均增加收入 125 元，人均收入增加 375 元。

（七）实施品牌兴果战略，建立推广生态标识

品牌，具有四两拨千斤的巨大经济效益。近年来，洛川积极提升“洛川苹果”公用品牌的市场知名度和影响力，将洛川丰富的人文、地理文化融入公用品牌中，塑造品牌个性，讲好洛川苹果品牌故事，实现与消费者之间积极的情感沟通。坚持“开门办节会”与“走出去推介”相结合，提升品牌知名度和品牌价值，不断增强苹果产业市场竞争力。通过争取冠名权、挖掘文化价值、宣传推介、个性塑造等举措，“洛川苹果”金字招牌成功塑造。洛川苹果累计荣获国家及部省名优产品奖 180 多项，连续举办了十一届中国·陕西洛川（国际）苹果博览会和首届世界苹果大会，洛川苹果成为中国苹果的代表符号和世界苹果产业发展的风向标。洛川县每年投资 1000 多万元加强宣传推介，每年在欧盟、阿联酋迪拜、“一带一路”有关国家和地区及北京、上海、广州及深圳等主销城市开展 6 场次以上品牌宣传推介活动，取得了阿根廷、墨西哥、智利等 9 个国家和地区的出口认证，成为出口加拿大、英国免检产品。洛川苹果国际知名度、市场美誉度得到大幅提升。其中，洛川树立绿色生态这个最大的品牌，为品牌建设增色不少，贡献了生态产品附加值。2020 年洛川苹果品牌价值达到

687.27 亿元以上，居全国水果类第一名。

（八）加大科技创新引领，苹果插上科技翅膀

科学技术是第一生产力，是苹果提质增效的有形抓手。洛川以建设“洛川国家苹果产业科技创新中心、洛川国家农业现代产业园”为抓手，依托洛川苹果院士工作站、国内外 50 余名专家顾问和西北农林科技大学专家团队，洛川打造了一批现代果业高新技术尖端平台：建成 500 亩国家级苹果种质资源圃，收集保存全球苹果属 35 种 5000 份种质资源；建成品种选育场，贮备苹果新品种 600 个，成为世界苹果产业科技制高点。

开展关键技术研发试验。进一步增强企业技术创新能力，发展组培育苗、水肥药一体化等，使企业成为技术开发的主体。引导企业、合作社结合自身经营活动，开展新品种新技术引进、标准化生产指导等，加快先进适用技术的试验示范和推广应用。矮化密植技术、水肥一体化、智慧果园等苹果界科技卫星不断释放。洛川成立了以苹果生产技术开发办、果树研究所、乡镇果站为主体的技术推广队伍，加大对从业人员知识技能培训，累计培训果农 1000 余场次、10 万余人次。

实施全产业链信息化建设。依托于互联网、大数据、云计算、区块链等技术，洛川建立了涵盖苹果全产业链的大数据共享服务平台。推进果业生产智能化，积极开展果园物联网示范，实现对果树苗情、墒情、病虫情、灾情、水肥一体化自动控制以及各生长阶段的长势、长相的动态监测，为生产提供技术服务和救灾指导。洛川县被农业农村部列入国家级苹果大数据示范县，建成智慧果园 1 万亩。自主研发的洛川苹果手机 App，面向全县果农实时发布技术指导信息，指导果农生产和市场销售，实现了全国 165 个苹果生产基地县和 48 个主销城市稳定的信息采集和发布，实现服务果农“信息零距离”。

（九）拓展生态文化旅游产业，讲好“洛川苹果故事”

洛川充分发挥好苹果优势，开发定制果业、发展生态休闲观光果业、生态果业文化项目、发展集观光康养、采摘体验及科普教育等为一体的

"苹果之都、休闲胜地"，以"苹果+"的方式，想方设法帮助群众增收，打造形成了洛川苹果第一村、京兆万亩观光长廊、洛川苹果大观园等一批各具特色的生态果业文化项目，推动乡村旅游蓬勃发展。2018年产业园实现旅游综合收入3.84亿元，同比增长97%。

另外，对于不适宜发展苹果产业的洛河峡谷沿岸"贫困"村庄，一方面发展林下经济，引进企业流转土地，发展畜牧养殖、苗木繁育、种植牧草、食用菌栽培等产业，探索出一套种植和养殖适合当地气候，带动经济发展的新路子；另一方面，依托区位、生态优势，利用民俗文化资源，设计出休闲度假、生态采摘、民俗文化体验、乡村驿站等农业生态旅游产品，使得当年"烂包村"成为近山亲水的旅游胜地。

洛川的绿色发展行动，既保护了生态"绿水青山"，又释放出更多的经济、社会、生态价值"金山银山"，使越来越多的村庄成了绿色生态富民家园，形成经济生态化、生态经济化的良性循环，走出高效安全、资源节约、环境友好的农业现代化道路。

三、案例点评（经验与启示）

（一）组织体系强有力的引领和保障

洛川多年来为保护和发展生产力，走循环生产型、科技含量高、资源节约型和生态保护型的经济发展之路，把黄土古塬蕴含的生态优势转变为"金山银山"（经济优势和产业优势）。这些成绩的背后都离不开县委、县政府的强有力的组织体系建设。洛川县委、县政府从全局出发，结合本地实际，加强顶层设计，构建起保障当地绿色发展的机制和体系。由县委书记任总指挥，人大常委会主任、县长、政协主席及县委分管副书记任副总指挥，全体副县长、30多个相关职能部门负责人为成员的洛川县苹果产业开发指挥部，下设生产技术、营销流通、市场建设整治三个正科级办公室和一个正科级建制的县级果树研究所，形成了县级五套班子包区域、20名县级领导包村包项目、116个财政供养部门和32名乡镇领导联乡包村抓示范点的工作格局，实行定指标、签合同、绩效挂钩、兑现奖惩和“一票否决”工作机制，为洛川多年的绿色发展，提供了强有力的组织引领支撑作用。

（二）有效市场和有为政府更好地结合

发挥好党委政府在绿色发展中的“引导者”“服务者”和“监督者”的角色。企业的本性在于追逐利润最大化，这与绿色发展要解决的经济发展中的负外部性目标相对立。这一特点要求发挥好制度的激励和约束作用。作为引导者，政府需要制定符合绿色发展、约束不当行为的市场规则和制度安排，提高市场破坏环境的准入门槛；政府还需创新多元化投入机制，从财政、税收、金融等方面支持绿色发展行为，引导企业真正发挥主体作用。近年来洛川创新金融服务机制、建立财政资金整合机制，采取“以奖代补”“先创后补”等多种形式，鼓励绿色行动取得了较好的效果。作为“监督者”，政府要监督生产行为是否符合绿色发展要求，维护好市场秩序；加强项目建设和监管，建立项目、资金的问效制和问责制；形成各部门相互协调和相互监督的机制，推进绿色生产。作为“服务者”，给绿色生产者提供信息服务和技术指导服务是政府职责的应有之义。洛川县政府十分重视绿色农业服务体系建设，组织和协调专业技术人员积极深入到田间、地头面对面对农民进行指导，不断提高绿色农业科技推广服务效能，同时扶持发展农业专业化服务组织，探索社会化服务新模式，为农民提供及时有效的绿色生产技术、装备和信息服务。

（三）更加注重绿色发展的系统性

推进绿色发展是一项综合性、系统性工程，要把它贯通于市场、区域、产业和社会的各个不同层面；贯穿于生产、流通和消费的各环节，以最小的资源消耗获得最大的经济、社会和生态效益。

从企业“小循环”来看，促使企业从生产理念、工艺设计、生产链条每一步都注重节能减排、减少废弃物。洛川“果草畜沼水”生态循环果园的广泛运用，其较高的循环收益正是绿肥肥土，以土养树、以树提效，水肥效应增强，人、果树、自然环境三者可达到和谐状态的综合结果，也是多年政府引导支持的结果。

从区域“中循环”来看，按照生态学原理，通过企业间的物质集成、能量集成和信息集成，形成产业间代谢和共生耦合关系，从而使得物资能够物尽其用。果废实现“变废为宝”；“苹果产业链后期整理中初果加工、果品精深加工、果品关联产业”都是实现县内区域间果业循环利用、全值利用、梯次利用，实现变废为宝、化害为利的循环典范。

从产业结构“大循环”来看，在改善劳动密集型产业的同时，发展知识密集、技术密集、资本密集的环境友好型产业，推进产业间融合互补。洛川构建以现代服务业和先进制造业为主体的资源节约型产业体系的同时，推动苹果产业和现代产业要素跨界配置，促进产业深度交叉融合，形成多业态、多产业发展态势，实现“产、加、销、研、游”一体化，促进苹果产业与旅游、科技、文化、教育等产业深度融合。

（四）以改革创新促进绿色发展、增进民生福祉

“创新是引领发展的第一动力”，将改革创新与绿色发展有机结合，是提升经济发展质量效益、保持经济社会持续发展的内在要求，同时也是实现人民对美好生活向往的根本保障。洛川建立具有地方特色、覆盖全产业链的绿色发展制度体系，建立和完善绿色果业技术平台体系、标准体系、产业体系、经营主体和服务平台体系以及数字体系，创新经营体制机制，优化发展环境，培育新型经营主体，引导企业下沉生产基地、农民主动嵌入全产业链，创新探索更多惠农益农联结新机制，让更多的发展成果惠及果农，多环节增加农民收入，为深入推进农业绿色发展提供了借鉴和支撑。

作者简介

唐莹，中共陕西省委党校（陕西行政学院）中国特色社会主义理论研究中心讲师。

广西贺州市优化营商环境
全力做好项目环评审批服务工作

党的十八大以来，党中央、国务院高度重视营商环境建设，围绕市场主体需求，聚焦转变政府职能，对标国际先进水平，持续深化“放管服”改革，极大激发了市场主体活力和市场环境。好的营商环境有多重要？在博鳌亚洲论坛2018年年会开幕式讲话中，习近平主席说：“投资环境就像空气，空气清新才能吸引更多外资。”这则比喻，更加形象地说明了营商环境的重要性。习近平总书记在吉林考察时指出：“要加快转变政府职能，培育市场化法治化国际化营商环境。”营造市场化、法治化、国际化营商环境，是中国进一步扩大开放的重要举措，也是实现高质量发展、实现治理体系和治理能力现代化的内在要求。面对国内外风险挑战明显增多的复杂局面，我国坚持把优化营商环境作为推动经济高质量发展的重要支点。简政放权，全面推行审批服务“马上办、网上办、就近办、一次办”，不断打造营商环境新高地，为中国经济高质量发展开辟光明前景。习近平同志指出，“营商环境只有更好，没有最好”。近年来，尽管我国营商环境持续改善，但相对于全面贯彻新发展理念、推进供给侧结构性改革、培育经济发展新动能、加快建设现代化经济体系的要求，我国营商环境还存在一些短板。这就需要各地大力解放思想，大胆创新，着力营造良好的营商环境。

一、背景情况

贺州市位于广西壮族自治区东北部，是全国唯一的“中国长寿之乡”县域全覆盖的辖区市，是世界长寿市、中国十大养生城市。贺州市下辖八步区、平桂区2个城区，钟山县、昭平县、富川瑶族自治县3个县。县（区）下辖街道4个、镇47个、乡10个（民族乡5个），分辖社区51个、建制村707个。全市总面积11753平方千米，总人口245.92万人。贺州市地处湘、粤、桂三省（区）交界地。东与广东省的怀集、连县、连山等县毗邻，北与湖南省的江永、江华两县相连，西与桂林接壤，南与梧州相邻。贺州属亚热带季风气候，具有日照充足，雨量丰沛，雨热同季，干湿季节明显，无霜期长等特点，是广西重点林区之一。截至2016年末，贺州市林地面积90.04万公顷，森林覆盖率72.87%。

贺州是多民族聚居地，壮族、瑶族为世居少数民族。在秦汉时代，中原汉族开始迁入贺州。宋代以后，尤其在明清两朝，有不少人因战乱或逃荒陆续迁入贺州。中华人民共和国成立后，因工作、经商、务工等原因，有其他少数民族迁入贺州，人数不多。贺州境内居住有汉、瑶、壮、苗、侗、仡佬、回、满、蒙古、土家、黎等20多个民族。2018年末，全市有少数民族35万余人。少数民族中瑶族人口最多，主要居住在富川瑶族自治县；其次为壮族，主要居住在八步区和钟山县；其余的苗、侗、回、满等少数民族人口较少，居住比较分散。贺州民族风情旅游有瑶族的“盘王节”“情人节”“打油茶”“长鼓舞”；壮族的“三月三”“庙会”“炮期”“舞火猫”；苗族的“芦笙踏堂舞”等。贺州市是多语言地区，境内除汉语外，还有壮语、瑶语。汉语又因地域、族群的不同又有不同的方言。壮语、瑶语都在民族聚居地方和本民族中使用，同时还会使用一种或几种通用的方言，其中除少数年长的长辈和妇女外，都会听、会讲普通话，没有本民族文字，使用汉字。全市无论乡镇、县城还是城区以至家庭，大多数都使用一种语言或方言为主，兼用多种方言，全市通用汉字。贺州主要人文景点有贺街古镇、黄姚古镇、秀水村、福溪村、深坡村、英家等国家级、自治区级历史文化名村名镇，以及国家级传统村落、自治区级传统村落30多处；客家建筑有八步区莲塘客家围屋、昭平樟木林石城。贺州市获得中国优秀旅游城市、全国双拥模范城、国家森林城市、中国最佳生态旅游示范城市、中国重钙之都、中国长寿美食之都、全国森林旅游示范市、中国长寿旅游之都、优秀魅力城市等称号。

贺州发展起步晚，经济基础差，建市以来，“后发展欠发达”的市情很长一段时间没有改变。但同时，贺州在发展中必然存在“后发优势”，贺州和全国、全区一样，正处在一个黄金发展期。“十三五”时期，贺州全市上下深入学习贯彻习近平新时代中国特色社会主义思想，全面贯彻落实习近平总书记对广西工作的重要指示精神，坚决贯彻落实自治区党委对贺州工作提出的“发挥优势、突出特色、全力东融、加快发展”总体要求，全市聚力脱贫攻坚和建设广西东融先行示范区“两大主战场”，以全力东融为主线，持续开展“三年攻坚，赶超跨越”行动，加快培育“五大新引擎”。贺州实现了经济总量从长期排名末位到首次晋位升级，全面小康建设从贫困县“全覆盖”到“全摘帽”、彻底消除绝对贫困，发展格局从发展“边缘”到“东融”前沿的三大历史性跨越。各项事业取得了新进步。2019年，《广西东融先行示范区（贺州）发展规划》获自治区批复实施，贺州自建市以来首次跻身全区发展战略前沿。全力东融助推经济发展节节攀升。全年GDP增长11.8%，增速比全区高5.8个百分点，排全区第一，总量突破700亿元大关，成功升级晋位。规上工业总产值、增加值分别增长17.6%、18.5%；财政收入增长17.5%；固定资产投资增长8.2%。2020年，面对新冠肺炎疫情冲击和复杂严峻的国内外环境，在贺州市委、市政府的坚强领导下，以全力东融为统领，坚持疫情防控和复工复产统筹协调，扎实做好“六稳”“六保”工作，迎难而上全力促经济、稳增长，全市经济稳中有进，三次产业全面回升。根据地区生产总值统一核算结果，2020年前三季度全市生产总值533.71亿元，按可比价格计算，同比增长 6.5%，增速比上半年提升 1.0 个百分点，居全区第一位。可以看出，当前贺州综合实力显著增强，正向着高质量发展昂首迈进！2018 年以来贺州的地区生产总值如下图所示。

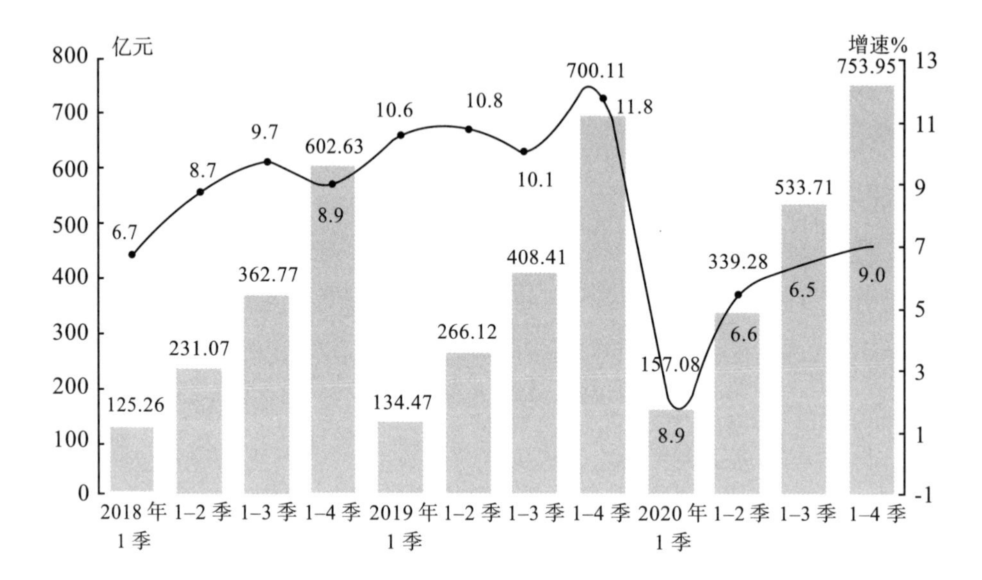

地区生产总值（CDP）

经济总量和增速曾经在广西的地级市中长期处于末位的贺州是怎么做到逆袭的？全力东融、精准招商是关键，这为贺州经济发展开辟了广阔的市场和合作空间。

“十四五”时期是贺州加快发展、赶超跨越的重大机遇期。“全力东融”是今后贺州经济社会发展最重要的方向，也是贺州建市以来面临的最大最好的发展机遇。“东融”战略核心在于产业项目，在硬件基础设施水平一时难以提升的前提下，如何提高精准招商引资水平，如何推动“三企入桂”贺州行动方案落实，聚焦全力东融、强化主动服务至关重要。

二、基本做法

（一）问题：瓶颈制约，招商引资遭遇堵点难点

之前由于各类基础设施不完善、惯性思维束缚、创新创业氛围不足等问题，导致很多客商不愿意到贺州投资，制约着贺州的经济发展。

（1）先行先试不足。虽然贺州市已是广西东融先行示范区，但目前积极探索、大胆尝试仍然不足。一方面，不善于争取和运用试点政策，凡是涉及“开放”的政策，贺州要比发达地区慢不止“半步”，少数职能部门主管、科室负责人认为，以前这么干，现在也这么干，以后还是这么干，对于探索和创新缺乏勇气和底气。一些体制机制障碍突破不了、利益固化藩篱打破不了、核心竞争力没有形成，许多长期制约发展的突出问题得不到及时有效解决，矛盾积累、困难增大。例如，“多规合一”工作普及面不够，企业工程报建许可审批事项中有不同级审批项，有的项属市里部门审批，有的项属县（区）审批；县（区）级没有集中的工程报建审批平台，材料扭转不畅通，办理时限达标难。另一方面，缺乏针对招商的政策“抓手”，没有配套制定出台具体可操作、透明性、规范化的细则条款，导致很多政策“干货”落不了地，对湾企缺乏吸引力。例如，政府对拟引进的重大项目往往实行一企一策，各种优惠政策和力度以会议纪要的形式记录并执行，并不具备法律效力，这让不少湾企产生顾虑，担心花大力气到贺州投资办厂后遭遇“关门打狗”“新官不理旧账”等问题，同时各县（区）、产业园区对招商的先行规划不足，对自身发展定位不准。例如，一些县（区）、园区招商团队不能结合自身优势资源和特点找准产业发展方向，反而各自为政、信息不畅、相互竞争，只求招大项目，只求数量不求质量，产生极大内耗。

（2）主动服务不够。贺州走出去了很多出色的企业家，他们在通过不同的方式回馈家乡、建设家乡，但走访中他们对贺州的环境、对回乡发展还是心存疑虑，这些现象值得深刻反思。一方面，精准服务企业发展不

够。例如，一些部门“一事通办”落实不到位，只收件不办事现象仍然存在；有的单位选择性对待投资项目或投资商，不能一视同仁地执行优惠政策。另一方面，行政执法不规范、溯源体系不健全。对于一些“小、散、乱”企业整治不彻底，一定程度上干扰了企业市场竞争；政府部门过多干预企业生产经营，经常性组织到企业考察调研，下达配合政府开展的其他政治任务等，给企业造成额外负担。

（3）存在隐性障碍。除了思想上、意识上存在不足外，当前贺州市在招商过程中还存在其他一些隐性障碍。一方面，园区管理“两张皮”，政府部门对园区体制改革仅限于薪酬和人事管理范畴，对园区设置详细的绩效考评指标，在一些事务上干预太多，没有充分发挥园区的市场化功能，约束了园区对企业的全方位服务；园区的国有平台公司投资能力不足，政府承担过多的园区发展建设职能，导致政府财政负债率过高，发展陷入“卖地还债”僵局。另一方面，“软件”配套不足，由于园区配套设施不足，教育医疗保障资源不够，企业“举家搬迁”至贺州后面临生活质量下降、中高级人才留不住、产业工人招不到等问题；由于全市电子化系统不顺畅，大数据平台未充分发挥作用，部分职能部门仍然存在信息孤岛、数据壁垒，导致部门间仍然存在相互推诿、扯皮现象，增加企业生存成本；其他的如简政放权不彻底、企业融资平台单一等。此外，我们发现，选择在大湾区城市圈发展的人才占主流，成为人才就业取向方面的显著亮点，凸显出大湾区对人才的虹吸效应，深圳和广州两地人才留在本地的倾向最为显著。

（二）解决方案

“十三五”时期以来，贺州市以改善营商环境质量为主线，不断创新审批机制，增强服务意识，进一步强化建设项目环评审批管理，积极推进规划环评，全力加快排污许可证登记核发工作，把创建良好的项目建设环境、服务于贺州经济又好又快发展作为工作的重中之重来抓。重点在优化办事流程、精简办事环节、提速办理时限和考评问责上下功夫。

（1）线上线下相结合，做好政务窗口服务工作。为加快政务服务线上线下全面融合，贺州市生态环境局政务服务事项全部实现“一网通办”，推行高频政务服务事项“全城通办”，正在向“跨省通办”稳步推进。另外贺州市生态环境局窗口使用网上办事和线上线下“好差评”系统，高度重视群众评价意见，切实提升服务水平。根据《关于做好国家政务服务平台接入政务服务事项及应用审核工作的通知》（国办电政函〔2019〕202号）文件要求，政务服务事项需集中办理，实行“一窗进出”“一站式”办结。组织完成政务服务事项基本目录的认领以及实施清单的完善，编辑事项的基本信息，优化流程，减证证明材料。其间，及时对依申请政务服务事项实施清单进行动态调整，确保贺州市环保审批系统及环评信息联网工作的完整性、及时性、规范性均为“优”。2020年以来，贺州市生态环境局行政审批项目受理共75件，已经办结71件（有4件在受理中）。没有因过错而被投诉的现象发生，办结率达到100%，群众满意率达到100%，没有超时办结的现象。截至目前，贺州市生态环境局窗口2020年季度评为五星级窗口，荣获企业赠予锦旗11面。

（2）开辟审批绿色通道，提高项目环评报批效率。对符合拉动内需投资方向、满足环保准入条件的民生工程、基础工程、生态环境建设等重点项目，开辟环评审批“绿色通道”，简化审批程序，加快了项目的前期申报工作。新冠肺炎疫情期间，引导企业使用广西数字政务一体化平台申请所需办理的事项，最大限度做到“网上办”和“不见面”，全力保护办事群众和工作人员的身体健康。环境影响登记表为网上备案制，做到即时办理，24小时不打烊。为加快贺州市环境影响审批工作及优化营商百日攻坚相关文件精神，贺州市将环境影响报告书审批时限由法定的60个工作日压缩至9个工作日，压缩率为85%；环境影响报告表审批由法定的30个工作日压缩至9个工作日，压缩率为70%。申请材料9件缩减至1件，缩减率为88.9%。环境影响登记表为网上备案制。截至2020年底，全市共完成项目环评审批 227 个。

（3）落实分级审批制度，积极跟踪服务重大项目建设。贺州市高度重视重大项目工作，采取提前介入服务，积极参加联合审批活动，做好项目选址前期工作等措施，努力推进重大项目建设。及时组织相关部门召开专题会议，专题研究部署，做好项目前期服务工作，同时安排专人跟踪项目进度，及时做好环评业务指导，做到重大项目贴身零距离服务。落实专人对接和负责跟踪，定期调度重大项目环评审批服务情况，对发现的问题及时协调解决；各重大项目列出时间节点，倒排进度，针对环评编制质量、速度等主动与环评机构对接，提高项目环评报批效率。同时，积极落实和衔接自治区重大项目分级审批。严格按照自治区生态环境厅印发的《广西壮族自治区建设项目环境影响评价分级审批管理办法（2019 年修订版）》（桂环规范〔2019〕8 号）承接自治区下放的报告书及上收县级审批的报告书类项目，切实加强后续监管。对调整的行政审批项目，做好上下衔接，加强业务培训，确保承接到位。2020 年已全部完成自治区统筹推进重大项目 37 个，完成比率为 88%。

（4）依托“多规合一”平台，实现项目联合审批服务。根据《贺州市人民政府办公室关于印发落实“多规合一”推进建设项目并联审批实施方案（试行）的通知》（贺政办发〔2015〕101 号）要求，只保留规划选址、用地预审两项前置审批，涉及可研批复（或项目核准）前置审批条件的环评审批，改为初审意见告知函，正式审批在施工许可前完成，以施工许可核发作为项目开工前最终把关环节。通过“多规合一”平台，实现建设项目联合审批及审批流程精简和优化，大幅提升报建、审批效能。注重强化金融扶持为企业纾困。印发《2020 年贺州市优化营商环境开办企业专项实施方案》，实现“开办企业时限压缩至 0.5 个工作日，办理环节优化至 2 个工作日，开办企业零成本”的工作目标。扎实推进降低企业经营成本，发挥好人工成本优势、租金优势、环保牌照、融资成本优势，仅 2020 年以来，通过制定出台《贺州市金融支持稳企业保就业联席会议制度》，强化银企对接，帮助重点工业企业落实“复工贷”38450万元、发放惠企贷10870万元；加强担保体系建设，贺州市小微企业融资担保公司“4321”政府性融资担保业务本年累计发生额16.17亿元。

（5）简化验收审批程序，加强建设项目（固体废物）环境保护设施竣工验收工作。根据《建设项目环境保护管理条例》和《建设项目竣工环境保护验收暂行办法的公告》(国环规环评〔2017〕4号)，贺州市生态环境局积极做好建设项目（固体废物）环境保护设施竣工验收工作，为提高项目竣工环保验收服务的效率和质量，进一步规范验收审批程序和流程，简化审批程序，提高了服务质量和办事效率。所有建设项目（固体废物）环境保护设施竣工验收审批事项均进入市政务中心进行受理。2019年，共受理5个验收项目，全部按时完成，完成率100%。

（6）严把生态红线，服务地方经济发展。贺州市根据中央、自治区的统一部署，加快建立以生态保护红线、环境质量底线、资源利用上线和生态环境准入清单（以下简称“三线一单”）为核心的生态环境分区管控体系，有条不紊的推进“三线一单”工作，成立了“三线一单”编制工作协调领导小组，制定了“三线一单”编制工作方案，目前贺州市区域空间生态环境评价“三线一单”成果已编制完成。注重自查自纠，助推地方经济发展。如钢铁行业是全市重点行业，中央环保督查指出本市部分钢铁企业环评手续不齐全、环保设施滞后等问题。本市高度重视贵丰、桂鑫、科信达三家公司环境整改工作，组织相关部门专题研究，制定详细整改方案、倒排时间，全力推进整改工作，并从市直有关部门抽调人员组建了整改服务队。一是多次到企业现场指导企业如何完善环评手续，指导企业环保设施整改；二是多次到区厅对接汇报，争取区厅支持贺州市钢铁企业。目前，钢铁企业已基本完成环保设施整改已取得了阶段性的成效，自治区生态环境厅已正式受理钢铁企业环评文件。

三、案例点评（经验与启示）

作为西部欠发达地区，贺州市在探索经济社会发展与生态环境保护统筹发展方面作了不懈的努力，积累了宝贵的经验。贺州优化营商环境、全力做好项目环评审批服务工作的实践具有重要的借鉴价值与启示意义。第一，坚持问题导向与目标导向的有机统一。贺州市项目环评审批服务工作的推进完全是紧紧围绕经济社会发展与生态环境保护统筹发展的目标，针对营商环境存在的问题，以目标引领发展、以问题倒逼改革，通过解决问题实现目标。第二，坚持政策赋能与自主创新的有机统一。贺州市的做法一方面严格坚持中央与上级的政策精神，充分释放政策红利；另一方面又结合贺州实际，因地制宜大胆创新、深化改革。第三，部门责任与整体发展的有机统一。贺州市生态环境局把环评审批服务工作作为贺州市营商环境的重要内容来看待，把生态环境保护作为贺州市发展的重要内容来看待，在大局中思考问题、在整体中启迪智慧，克服破解了碎片化治理的弊病，实现了整体发展的目标。

作者简介

谭英俊，中共广西区委党校（广西行政学院）公共管理教研部主任、教授。

李营歌，中共贺州市委党校（贺州市行政学院）公共管理教研室主任、副教授。

退港还海　修复整治生态旅游岸线

——日照港海龙湾退岸还海创新实践

“海洋是高质量发展战略要地”“要像对待生命一样关爱海洋”。习近平总书记多次在不同场合为推动海洋生态文明建设吹响号角。党的十八大明确指出要“提高海洋资源开发能力，发展海洋经济，保护海洋生态环境，坚决维护国家海洋权益，建设海洋强国”。2013 年 7 月 30 日，习近平总书记在主持中共中央政治局第八次集体学习时深刻指出，要下决心采取措施，全力遏制海洋生态环境不断恶化趋势，让我国海洋生态环境有一个明显改观，让人民群众吃上绿色、安全、放心的海产品，享受到碧海蓝天、洁净沙滩。

“保护海洋、关爱海洋”是习近平总书记念兹在兹的牵挂。2018 年 4 月，习近平总书记在海南考察时强调，青山绿水、碧海蓝天是海南最强的优势和最大的本钱，是一笔既买不来也借不到的宝贵财富，要像对待生命一样对待这一片海上绿洲和这一汪湛蓝海水。2019 年 10 月 15 日，习近平总书记强调，要高度重视海洋生态文明建设，加强海洋环境污染防治，保护海洋生物多样性，实现海洋资源有序开发利用，为子孙后代留下一片碧海蓝天。

海洋生态环境不仅是生态环境大局的关键一环，关系人民群众的生产生活，更对沿海地区发展战略的实施起到基础保障作用。海洋生态环境问题涉及陆域、流域和海域，影响因素复杂，治理难度较大，亟须以习近平生态文明思想为根本遵循，有序推进、精准治理，推动解决沿海区域性的突出生态环境问题，不断提高公众的幸福感、获得感和安全感。

一、背景情况

日照港是“六五”期间国家重点建设的沿海主要港口，1978年开始选址，山东省日照市石臼区域海域因水深条件好、不冻不淤等优势，成为我国“北煤南运”和煤炭出口的深水港址。日照海滨这个平凡的小渔村“石臼”，从此打破了宁静，日照港在隆隆的机器轰鸣中孕育而生。1986年，日照港正式开港，投产第一年吞吐量就达到了264万吨。煤炭码头和石臼港区煤堆场，也成为日照港业务发展的第一块基石，更一度跃居国内第二大煤炭出口港。依托宝贵的岸线资源，经过30多年的发展，日照港目前已拥有石臼、岚山两大港区，274个泊位，已建成生产性泊位68个，年通过能力超过4亿吨。2019年，年货物吞吐量突破4亿吨，实现利润15亿元。日照港已发展成为国家重点建设的沿海主要港口，“一带一路”重要枢纽，新亚欧大陆桥东方桥头堡，多功能综合性世界级大港，全球重要的能源和大宗原材料中转基地。

日照市因港而立，1985年3月，撤县设市（县级）。1989年6月，升格为地级市，1992年12月设区带县。日照依海而兴，是典型的港口城市。在港口的有力带动下，2020年日照市GDP比1989年增长近70倍，临港产业占规模以上工业总产值比重高达80%，港城关系密切相关。日照市在实现经济快速发展的同时，依托蓝天、碧海、金沙滩，旅游业得到迅速发展，成为一座新兴的滨海旅游城市。2020年日照市委十三届九次全会立足新发展阶段、贯彻新发展理念、积极融入新发展格局，提出深入实施生态立市、创新兴市、产业强市、开放活市“四大战略”，生态立市被摆在四大战略之首，充分体现了日照作为滨海城市发展的特色优势，为日照开启“十四五”发展新征程提供了鲜明导向和战略支撑。

“到青岛看城，到日照看滩”，山东日照市有着长168.5公里的海岸线，其中64公里为绵延的沙滩，海沙颜色金黄、沙质细软，无砾石、无淤泥，被誉为金沙滩。随着港口和城市快速发展，港口与城市发展之间的矛盾日益突出，港区周边村民长期不能近距离亲近大海，绵延1.63公里的煤炭堆场让海滨一路以西附近的市民“望煤”止步，面临着“临港不临海”的尴尬。煤炭在装卸、短倒过程中产生的粉尘对周边的环境造成严重影响，居民开窗后不一会儿地上就有一层煤灰，不敢买白色鞋子，港口附近曾经脏乱差的环境让附近居民怨声载道；煤炭作业区域紧挨灯塔风景区、万平口旅游景区等，割裂了日照黄金岸线资源，极不协调，也不利于日照市滨海旅游线路开发；集疏港铁路穿越城市区，成为切割新市区和石臼的分隔带，带了来交通不便，割裂了城市的发展空间，一定程度上制约了城市的发展。

二、基本做法

日照市深入领会贯彻习近平总书记的生态文明思想和海洋强国战略思想科学内涵和精髓要义，下决心改善城市生态环境、有效解决港城融合发展中出现的问题，2013年，日照市委、市政府抓住瓦日铁路建设的时机，实施石臼港区规划调整工作。在此背景下，日照港2015年提出将紧邻灯塔广场南侧的港口工业岸线进行生态修复整治，建设黄金海岸——“海龙湾”的构想及方案。以海龙湾这片资源最丰富、优势最集聚、特色最鲜明的核心区域作为主战场，实施海龙湾生态保护开发，在全国率先实施了退用还海工程，下决心把港口作业岸线退出来，把港口生产区搬离城市，舍掉92万平方米的“黑色”煤堆场，换来了46万平方米的金沙滩、29万平方米的城市活力新区、1882米的生态岸线，实现让生态永驻城市，让群众零距离亲海，逐步探索出一条港口工业岸线生态修复新路径，创造了优质岸线恢复再造新模式。海龙湾工程被财政部、国家海洋局认定为全国首个港口工业岸线退用还海、修复整治生态岸线典型案例。中共中央政治局常委、全国人大常委会委员长栗战书在看过海龙湾工程建设现场后强调“要深入落实高质量发展的要求，把海龙湾项目（腾退出的土地）开发建设好，为人民群众提供高品质的休闲旅游空间”。

但在项目实施之初困难重重，遇到资金、环保、技术等多重困难，难以起步。海洋生态环境治理难度较大，回报率预期不明确，社会资本介入少，市场体系不健全，治理更多需要依靠行政力量和财政资金，海龙湾项目所需资金量大，仅靠财政与港口企业，负担太重。项目施工中，再造沙滩时产生的浑水，极易污染海洋环境。此外，造沙滩约需450万立方米沙子，如从陆地挖沙将会破坏生态环境。除非有特殊方法，否则目前还无法在日照这样平直的海岸线上直接造出沙滩。环保技术问题又是一道难关。

但日照市委、市政府没有回避问题，牢固树立和坚持新发展理念，牢牢把握生态环境保护的战略定力，方向不变、力度不减，迎难而上，以创新求突破，转换思路，结合实际创造性开展工作，把经济发展与环境保护有机结合起来，扎实开展工作，积极对上争引试点与资金扶持，用好国家政策；结合岸线资源特点与城市空间开发布局，创造性的规划休闲度假、商务开发区域，盘活资源，逐一破解项目难题，修复整治旅游生态岸线，还日照市民一片“水清滩净、岸绿湾美、鱼鸥翔集、人海和谐”的美丽海湾和美丽海洋。主要做法如下。

（一）做好科学规划设计，把综合效益的高站位“立”起来

日照市坚持把科学规划作为“第一道工序”，坚持生态改善、社会效益和经济效益统筹考虑、综合推进。以补齐日照优美的岸线链条为出发点，委托国内著名海洋科研机构、院校参与项目论证和规划设计，确保由工业岸线调整为旅游岸线的工程设计科学、工程方案可行；在充分调研论证和尊重历史、市民情感的基础上，规划建设了煤码头工业遗址公园等景点，与灯塔景区、万平口景区连成一片，让群众在家门口赶海踏浪的愿望变为现实；将腾空的土地规划打造成高端商务、旅游休闲区，将直接带动城市土地收入30亿元，成为港城高质量融合发展的又一经典样板。

海龙湾片区位于日照主城区与港口交汇处，规划占地面积约4平方公里，以新发展理念为引领，实施“四大工程”、建设“四大片区”。“四大工程”，概算总投资133亿元。一是退港还海生态修复工程，是国家“蓝色海湾整治行动”首批典型示范项目，目前已完成，共修复生态岸线1882米，新增沙滩46万平方米。二是东煤南移工程，投资35亿元，改造2个10万吨级、2个5万吨级通用泊位，将港口煤炭作业区转移到10公里外的南作业区，目前已部分投用，计划2021年底竣工，可腾空土地2300余亩。三是矿石码头搬迁工程，投资82亿元，将占地3700亩的石臼港区东作业区、北作业区铁矿石、水泥等大宗干散货调整至南作业区，配套建设6个大型散货泊位及堆场，矿石吞吐能力将达到1亿吨。四是疏港铁路工程，投资10亿元，配套建设南区进港铁路及万吨列车车场，铺轨里程约81公里，让港口经联瓦日铁路，直达晋中南地区，辐射蒙古、俄罗斯、中亚和欧洲等地。“四大工程”完成后，在日照临港近海的核心地段上，将腾退出近6000亩的开发新空间。

对标世界知名港口湾区开发经验，海龙湾项目聘请全球知名技术公司进行规划设计，坚持生态保护优先，建设“四大片区”：一是滨海休闲度假区，定位高品质休闲度假海岸，打造多主题高端度假日酒店集群，创新旅游产品，培育日照旅游业发展新亮点。二是港口金融贸易综合服务区，重点打造集合港口金融和现代服务业聚集的城市经济聚集区。三是国际邮轮服务区，依托内港水域的良好条件建设邮轮停靠港，吸引国际知名邮轮公司落户，推动国际邮轮运营、航线开发等发展，打造国内外游客青睐的时尚打卡地。四是人文休闲居住区，保存石臼老码头记忆，以“慢生活”为主题，构建集生态海岸、历史建筑、海洋文化、亲水人文于一体的亮丽景观。

（二）改革投融资模式，把退港还海的社会资本“撬”起来

在深入推进“退港还海”研究论证过程中，赶上了“中国蓝色海湾整治行动”这一重大历史机遇，日照港集团委托国家海洋局、中国海洋大学、中交水运规划设计院有限公司进行相关论证，先后做了《全潮位水文测验专题报告》《波浪潮流泥沙数学模型计算报告》等5项专题报告，论证扎实，研究充分，在国家组织的大型专家评审会上高票通过，成为全国沿海港口首例退港口工业岸线进行生态修复、整治的典型案例；同时获得国家3亿元奖补资金和日照市1.5亿元的配套资金，有力推动了项目落地实施。同时，日照市坚持问题导向，积极主动寻找“有中出新”的破解路径，在提出海龙湾退港还海项目的构想与规划时，充分考虑投资的可持续性、多样性，将岸线生态修复纳入“东煤南移”港口转型工程同规划、同部署，将腾挪出的2000余亩土地交由政府统一规划与开发，发挥财政的牵引作用，带动社会资本及地方投入近40亿元，创新形成了政府投资引导、社会资本参与的融资模式。待工程全部完工后，随着土地开发升值，港口建设收益将逐渐提升，最终得以偿还所有建设投资。

（三）突出技术创新机制，把全程绿色施工的基础“筑”起来

为破解环保技术难题，确保在生态修复中不给生态环境带来二次污染，项目注重高标准规划，由中交水运规划设计院和澳大利亚沃利帕森斯公司等高起点规划设计，委托国家海洋局第一海洋研究所等海洋科研机构、院校，对工程区域的水文、波浪潮流泥沙等进行了反复分析研究，创新提出了做曲线形长堤的办法来造沙滩，并利用港内疏浚航道的泥沙来吹填沙滩，辅之以拦污屏等设备保护环境。在每次涨落潮的间隙，最多只有两个小时的作业时间。压缩工作时间并不是偷懒，而是因为在其他时间，变幻莫测的潮汐运动随时可能把巨石和施工人员一起卷走。投放的巨石和残留的礁石一起构成了人工岬湾的地基。高20米、重2500吨只能通过特殊海路运输的巨大“水泥盒”投放在地基上，顺序投放27节巨型沉箱，构成了海龙湾的弧形。在隔沙堤建设完成后，还需要静等一年的时间，等潮汐慢慢带回这片金色的沙滩。巧妙利用波浪的力量来维持新建沙滩的平衡，顺应自然规律，也体现了人与自然和谐的一个生态理念。把加大自主创新和科技攻关作为突破口，先后研究创新了自动水幕式喷淋装置等新技术、新成果12余项。在沙滩形成过程中，首次创新采用特制防污屏、超低台车出运沉箱施工等先进技术，把吹填对海洋环境的影响降到最低，达到了国内领先水平，被评为交通部水运工程一级工法，为今后海域岸线生态修复全程绿色施工奠定了坚实的技术基础、积累了成功的实践经验。

退港还海引领港口发展新时尚。作为全国沿海港口首例退港口工业岸线进行生态修复、整治的典型案例，在业内具有显著的引领和示范作用。对港口而言，通过岸线生态修复、沙滩再造，大大提升了周边土地的开发效益；通过将被海流肆意搬移的泥沙引入湾内坐床造滩，变废为宝，减少对港区的淤积，大幅度节省疏浚费用，降低生产成本和对港口生产的影响；沙滩再造所需数百万方沙子全部来自航道疏浚泥沙，不占用陆地资源，实现港口建设与资源利用的良性循环，与生态建设良性互动。对城市而言，不仅延长了城市生态岸线，增加了宝贵的沙滩资源，而且与相邻的城市景区完美融合，形成有机整体，拓展了生态旅游空间，助推旅游产业发展，提升城市品位。对社会而言，工程建成后，沙滩景区将对外开放，还岸于城、还海于民，消除周边百姓长期以来临港不临海的尴尬局面，实现他们亲近海洋、亲近沙滩的美好愿望，百姓翘首以待，倍加欢迎。对海洋生态而言，沙滩的再造，相当于对建港初期损坏的岸滩环境进行恢复，再现海洋生物家园，对改善海洋环境和海洋生态将发挥积极作用。如今工程已完工，像白海豚、海鸥、鱼类及各种海洋生物早已频频造访沙滩区域，甚至还出现了大海龟之类的国家二级保护动物，海洋生态修复初步显现。

石臼港区规划调整全部完成后，在日照临港近海的核心地段上，未来将腾退出近 6000 亩的开发新空间。日照港功能布局、承载能力将进一步优化提升，城市空间格局将进一步优化重塑，“港口 + 产业”将为港口和城市带来千亿元级数的产业空间，将构建起港城融合、向海图强、生态宜居的新家园。

日照的实践充分证明，保护生态与发展经济绝非零和博弈，虽然在转变过程中，不可避免要付出眼前利益的代价，承受短期的阵痛，但是只要保持定力，失去的只是效益低下、难以持续的粗放式增长，换来的是经济效益、社会效益和生态效益的多赢共赢。

三、案例点评（经验与启示）

一是坚持问题导向，坚定不移走生态优先绿色发展新路。海湾地区是沿海经济社会最为发达的区域，人口和社会经济要素的高度聚集带来了巨大的环境压力，海洋生态环境问题最为突出。因此，海湾是生态环境保护的关键区域，也是践行“绿水青山就是金山银山”理念、协同推进经济高质量发展和生态环境高水平保护的战略要地，是海洋生态环境治理必须啃下的“硬骨头”。相较于陆域和流域环境治理，海洋生态环境治理工作基础相对薄弱，治理体系的短板更为突出。海湾生态环境涉及陆域、流域和不同行政区域，环境保护责任划分和落实难度较大。海洋生态环境治理难度较大，回报率预期不明确，社会资本介入少，治理更多需要依靠行政力量和财政资金，市场体系不健全。另外，海洋监测、监管能力尤其是海上环境应急和执法能力还存在明显“瘸腿”。

鉴于此，牢固树立新发展理念，深入贯彻习近平生态文明思想，牢牢把握生态环境保护的战略定力，做到方向不变、力度不减，坚持生态优先、绿色发展不动摇，坚持依法治理环境污染和依法保护生态环境不动摇，坚守生态环境保护的底线不动摇。深入总结全国经验，突出问题导向、目标导向，强弱项、补短板，既强调与国家环境治理体系大格局的统一性，又考虑海洋生态环境的特殊性，依靠理念创新、制度创新、科技创新，突破固有的传统思维定式和治理模式，构建现代湾区环境治理体系，巩固和深化污染防治攻坚战取得的成效，助推海洋生态环境实现根本好转。

二是创新发展思路，在良性发展中实现生态持续优化。生态环境问题是发展过程中产生的问题，最终也要依靠良性发展来解决。环境治理不能头痛医头、脚痛医脚，而应该从根源上找症结、去病灶，通过转变发展理念，在良性发展过程中实现环境持续改善。沿海地区是我国经济最发达的地区，也是最有能力先行解决生态环境问题的地区。日照市在还地于城、还海于民的前提下，利用退出来的港口工业岸线实施整治、修复，恢复再造一个美丽的金沙滩，让相邻灯塔景区的生态岸线得以自然延伸；同时南端的10吨级煤码头在煤炭搬迁后停止使用，作为港口历史文化要素加以保留，供游客参观游览，把腾空的岸线和土地打造成非常美丽的沙滩景区，与北部相邻的灯塔景区、万平口等景区形成完美整体，使这条港口工业岸线变成集生态旅游、海洋文化、历史建筑、亲水人文于一体的生态休闲观光区域。这一方面解决了港城不协调问题；另一方面腾空的后方土地大幅升值，企业开发便有信心、有干劲了。这样一来，政府满意、企业积极、百姓拥护，制约港城融合发展的扣就解了。

三是总结经验，构建湾区治理体系。湾区治理中，“一湾一策”个性化精准治理是具体路径，但构建系统治理体系是全面提升解决沿海区域性生态问题能力的基础和保障。全国各地湾区治理在产业升级和发展转型方面有些地方已经取得了良好成效，在实践“两山”论、实现高质量发展和高水平保护方面探索出了自己的路子，可在全国范围内提炼总结经验，构建湾区治理体系。构建湾区生态环境保护区域协调机制。海湾生态环境问题涉及海域、陆域、流域和不同的行政区，很多情况下海洋环境污染的责任难以划分清楚，生态环境保护的措施任务与目标指标难以有效衔接。因此，应该建立生态环境保护综合协调机制，统筹协调重点湾区环境治理中的重大问题事项，充分发挥各流域海域局的作用，建立协作协商和信息通报制度，协调解决湾区左右岸和流域上下游不同行政区间的生态环境治理工作，构建污染联防联治工作机制。

加强生态环境保护陆海统筹。新一轮国家机构改革在国家部委层面打通了陆海生态环境管理职责，但在省市地方层面，流域管理、环境管理、海洋管理仍处于融合融入的转型期，相关职责交叉、权责不清的问题依然存在，陆海统筹协调机制的建立仍面临巨大挑战。应该在深入总结和进一步做好湾长制、河长制等工作的基础上，探索构建跨部门的综合协调机制，实现海湾生态环境治理的方案规划统一、目标指标统一和实施落实统一，真正发挥相关职能部门在海湾生态环境治理方面的合力。

提升湾区生态环境治理监管能力。加快推进湾区海洋生态环境保护监管能力建设，提高海洋监测机构基础能力水平，加强海洋生态环境监测人才队伍建设，完善海洋生态环境监测站点网络布局。加强海洋应急和执法能力建设，补齐海上机动能力短板，逐步建立政府主导、企业参与的国家海洋环境应急响应体系。提高湾区海洋生态环境保护监管信息化水平，构建海洋生态环境信息化监测体系。深入开展污染物溯源解析、污染治理、生态修复恢复等技术研发，加强技术产品的市场化转化应用，为湾区生态环境治理提供科技支撑。

实施湾区生态环境治理重大工程。梯次推进湾区生态环境治理，应加强港口退港还海科技创新研究。从景观再造、海洋生态保护、港区迁移、港口转型等涉及退港还海的领域进行科技创新研究，为国内外更多港口开展此类工程提供借鉴。应系统规划退港还海后的协调发展路径。朱景友表示，我国应系统规划退港还海后港口转型、城市发展、环境保护之间绿色、协调发展，最大限度释放退港还海的生态效益、经济效益和社会效益。

作者简介

孙明燕，中共日照市委党校（日照市行政学院）经济学教研部副主任、副教授。

从城市“伤疤”到城市“窗口”的蜕变

——南京汤山矿坑公园生态文明实践案例

习近平同志2005年在考察浙江省安吉县天荒坪镇余村时指出，绿水青山和金山银山绝不是对立的，关键在人，关键在思路。我国地大物博，各地自然禀赋不同、区位优势不同，所以在发展生产力时要注意结合本地情况，搞出特色。适宜发展生态农业则搞高效生态农业，适宜发展生态工业，则把当地的生态农业产品链条拉长，搞生态加工业；适宜生态旅游，则利用当地的自然资源和文化资源优势，搞好旅游业。总之，如果能将生态系统的生态环境优势转化成生态农业、生态工业和生态旅游等生态经济优势，自然资本将会成为国家财富的重要组成部分，绿水青山就变成了金山银山，从而形成人与自然和谐发展现代化建设新格局。2020年在考察安徽、江苏时，习近平总书记又多次强调，生态环境保护和经济发展不是矛盾对立的关系，而是辩证统一的关系。把生态保护好，把生态优势发挥出来，才能实现高质量发展。建设人与自然和谐共生的现代化，必须把保护城市生态环境摆在更加突出的位置，科学合理规划城市的生产空间、生活空间、生态空间，处理好城市生产生活和生态环境保护的关系，既提高经济发展质量，又提高人民生活品质。习近平总书记这些科学论断不仅揭示了生态文明建设的本质和规律，也成为指导生态文明建设的实践指南。

一、背景情况

本案例南京汤山矿坑公园坐落于一个有着千年历史的江南古镇——汤山镇（现为汤山街道）境内。汤山位于南京东郊江宁区东北端，东与镇江句容市相接，距南京城区约 20 公里，辖区面积 170.57 平方公里，户籍人口 7 万余人，是南京的东大门。以“汤”（温泉）和“山”（青山）闻名的汤山镇有着十分独特的资源禀赋，境内既有享誉国内外的高品质温泉，以及碑、洞、湖、寺、地质遗迹、民国文化遗存等丰富的旅游资源，也有森林覆盖率达 80% 的青龙山、黄龙山等具有重要生态价值的山林；既有储量丰富的石灰石、膨润土、紫砂、石膏等矿藏，还有素称“十万亩大山，四万亩良田”的农业资源。这些资源不仅成就了汤山中国历史文化名镇的美誉，也是汤山千百年来经济发展的基础。

然而“汤”与“山”在资源利用中不可调和的矛盾，一直是汤山产业发展难以取舍的难题。一方面，汤山是中国也是世界著名的温泉之乡。早在 1500 年前的南朝萧梁时期，汤山温泉即被封为御用温泉，称“圣汤”，是目前中国唯一获得欧洲、日本温泉水质国际双认证的温泉。然而，尽管汤山在历史上一直是游览沐浴、聚会休闲的首选之地，但直到新中国成立后，汤山温泉才真正面向普通大众，改革开放后才陆续开始温泉酒店经营，逐渐形成温泉产业。源于温泉经济季节性强这一最大“短板”，汤山旅游“冬暖夏凉”的季节性特征也十分明显，因此，长久以来温泉旅游并未发展成为地区的支柱产业。另一方面，汤山自古以来也是采石重地，有着储量达千亿吨的优质石灰岩、陶土等矿产资源，是建筑石料和水泥生产的重要原材料。20 世纪六七十年代汤山采矿业伴随工业化发展逐步扩大，90 年代随着乡镇企业崛起开始高速发展，2002 年左右达到高峰。然而高强度开采在带来经济效益的同时，也引发了一系列严重的生态环境问题，并已危及汤山最具特色的温泉资源。随着江苏省及南京市对城市露采矿山系列管理规定条例的出台，汤山区域 101 家矿坑采石场于 2004 年被全部关闭。留下众多亟待治理修复的城市“伤疤”，本案例的前身就是汤山山体上最大的废弃采石宕口。

露采矿山关停后，汤山经济发展的重心开始向旅游产业转移。根据陆续出台的相关法规，汤山加快了创建国家级旅游度假区、全域旅游示范区的步伐。围绕优质独特的温泉资源，一是跳出狭隘“温泉思维”，做足“温泉 +”文章，重点发展休闲度假、温泉养生、会议会展、文化创意、健康养老、运动游乐等产业，形成了以“春赏花、夏戏水、秋健身、冬泡汤”为主题的“四季汤山”旅游品牌；二是着力提升“全天候、全季节”全域旅游核心吸引力，在“旅游 +”“文化 +”“体育 +”多业融合中放大旅游品牌效应。连同近年打造的特色田园乡村、民宿示范村以及以本案例（汤山矿坑公园）为代表的宕口整治、“城市双修”典范，创建 SITES 认证及国家城市双修试点，形成了独具汤山韵味的旅游格局，综合旅游收入 10 年增长了 80 倍。如今的汤山远古文化、六朝文化、明文化以及民国文化传承有序，自然人文景观交相辉映，基础设施不断完善，是一处集观光、休闲、度假、娱乐、运动为一体的旅游度假胜地。作为国家级温泉旅游度假区先后被授予“中国温泉开发利用示范区”“中国十大休闲温泉基地”等称号，2012 年被世界温泉及气候养生联合会授予“世界著名温泉小镇”称号。

二、基本做法

（一）案例概况

南京汤山矿坑公园位于汤山南麓，前身为江宁区汤山龙泉、建军、建设等采石场，总占地面积约 40 公顷，因蕴藏优质石灰石资源，1972 年至 2002 年间，先后有六家村镇企业在此露天开采石灰石。长期开山采石及石料就地加工，造成山体大面积挖空，大量植被被损毁，地表水和大气遭到严重污染。为保护生态环境，实施地区经济转型发展，根据省、市、区关于禁采、限制开山采石的相关规定，2003 年江宁区对采石场下达了停采令，并于当年采石场采矿权到期之时实行了关停处理。几十年的开山采石遗留下了高度从 30 米到 110 米不等的五个废弃矿坑，采石场内渣土碎石遍地，草木荒芜，裸露的灰白色宕口宛若青山上的巨大伤疤，触目惊心。

2017 年，南京市被列入全国第二批“城市双修”(生态修复、城市修补)试点城市。汤山矿坑公园成为南京上报住建部“城市双修”的首单试点工程。经过近两年时间的地质消险、生态环境修复及公园配套项目建设，2018 年底荒废已久的采石场成功蜕变成了“以山为幕”的特色矿坑体验公园，强劲视觉冲击力的矿坑、巨型不锈钢滑梯和蹦蹦床、不锈钢板环形天空走廊，以及宽阔的山坡草地、成片的樱花林、粉黛乱子草、清澈的溪水湖泊等，特色鲜明的工业风景和优美的自然环境巧妙结合在一起，让矿坑公园脱颖而出，一开园即受到游客和周边居民的极大青睐，迅速成为网红打卡地。

由于其显著的整治成效，汤山矿坑公园多次被《人民日报》、央视新闻、《新华日报》等主流媒体宣传报道，已成为“城市双修”、废弃矿山治理的经典案例。

（二）主要措施

在汤山矿坑公园项目启动之前采石场已经关停清算，治理责任主体灭失，根据相关规定，南京汤山温泉旅游度假区管理委员会（以下简称管委会）作为属地管理机构承担了采石场生态环境治理责任，市区两级政府及相关职能部门给予指导、协调和配合。在具体的治理方式上，主要有以下几个方面。

第一，注重建章立制，落实主体责任。汤山矿坑公园项目的顺利推进，首先是由于省市区各级政府对生态环境保护的高度重视，以及为此制定了一系列的法规政策，建立健全了相关体制机制。为有效保护生态环境和自然景观，保障和促进经济社会的可持续发展，早在 2001 年江苏省人民代表大会常务委员会就通过了《关于限制开山采石的决定》，随即南京市出台《江苏省南京市政府贯彻省人大常委会关于限制开山采石的决定的实施意见》，并于2002年公布《南京市首批禁止、限制开山采石区域范围》。2003—2004年南京全市大力推进了第一批工矿企业关停，2005年全市开始启动矿山地质环境整治和修复工作，主要是针对重点区域废弃露采矿山进行山体复绿。这一阶段省、市、区各级政府主动作出的露采矿山治理探索，为后续难度更大项目的实施积累了经验。

2013年南京市出台了在江苏省乃至全国都具有开创性意义的《南京市废弃露采矿山治理修复规划引导》，将废弃露采矿山治理修复目标明确为三个方面：一是功能目标，即恢复生态功能，同时融入城市休闲度假产业体系，带动周边地区发展。二是景观目标，还城市青山绿水，塑造特色化的空间形象。三是经济目标，适度开发建设，保证治理资金通过土地开发达到自我平衡。同时针对不同的宕口提出了不同的发展策略，强调了深绿型开发建设的原则。此项规划引导对南京矿山治理修复工作具有重要指导意义，也为此后编制《南京市矿山地质环境恢复和综合治理规划（2017—2025年）》等纲领性文件奠定了基础。

本案所在的江宁区自2005年以来也先后出台了《加强废弃露采矿山环境整治工作意见》《沪宁高速公路两侧可视范围内露采矿山环境治理规划》《废弃露采矿山治理修复规划引导》等一系列规范文件。同时为确保法规政令的落实，成立了江宁区废弃露采矿山环境治理领导小组，领导小组组长由区长担任，分管副区长及区纪委书记担任副组长，区政府办公室、区发改局、国土局、规划局、财政局、审计局以及相关街道的主要负责人共同组成领导小组成员，全力统筹和协调具体工作。另外，在治理机制上，将矿山环境保护治理工作列入区域经济社会发展计划，纳入高质量发展考核体系，严格落实主要领导负责制，层层签订责任状，构建起层次明晰、分工明确的责任链条。

第二，借力“城市双修”，科学规划思路。自2004年停采以来，同期众多废弃宕口已陆续整治复绿，汤山采石场宕口群治理却迟迟未见动静，其原因除了体量太大，治理难度过大外，最重要的是治理思路尚未明晰。转机来自2017年南京成为全国“城市双修”试点城市，其修复生态环境，提升城市功能，保护与彰显历史风貌特色，增加城市公共空间，环境综合整治等理念让矿坑的治理思路有了变化。在汤山这一废弃矿坑的治理上，一是认识到采矿是汤山发展的一段历史记忆，修复整治并非一定要将之抹去；二是汤山经济在向温泉旅游转型，其核心资源温泉品质突出，但辅助资源落差明显，主副资源匹配度不佳。况且温泉旅游以室内为主，娴静有余而运动不足，需要通过其他旅游产品的开发来弥补，而紧邻温泉区的汤山采石宕口正好与之互补。因此，不是简单地采取复绿的办法，而是变废为宝，建为矿坑公园，既可以留住记忆，又能丰富休闲旅游的产业，还能进行科普教育，不失为一举多得的方案。由此汤山生态破坏最严重的废弃露采宕口成为度假区的改造重点，并作为南京市“城市双修”启动的第一个项目展开了变身矿坑公园的规划设计和生态环境整治修复工作。

第三，反复优化设计，统筹地矿发展。将汤山矿坑公园项目的生态环境修复与综合利用纳入汤山地区城市发展规划中，使矿坑公园建设与地区发展融为一体。在区域发展从工业化向后工业化转型，产业发展从采石业向都市休闲旅游业转型的背景下，汤山矿坑公园项目的规划兼具采矿区地质生态环境修复和区域城市功能修补两方面要求。其一，从城市功能和产业结构上，汤山地区是集温泉度假、健康养老、主题文化于一体的旅游功能板块，旅游、住宿、餐饮等是其主导产业，对矿坑公园建设有着相辅相成的要求；其二，从地理区位看，矿坑公园项目位于汤山西部，是南京主城进入汤山地区的门户，公园有着链接和吸引主城游客的重要作用；其三，从消费者体验需求看，矿坑公园项目需要从旅游功能互补的角度，为消费者提供互动性强的户外空间体验。因此，矿坑公园项目从初始的设想上，即旨在打造更多的参与式、开放型多功能空间场所，为社区提供更多户外活动的可能性，为片区未来发展提供综合性城市功能。

管委会为将矿坑公园项目与区域整体发展有机整合，高度重视项目的规划设计，特邀了中国工程院院士、东南大学教授王建国、深圳市建筑设计研究总院有限公司总建筑师孟建民、东南大学建筑学院院长韩冬青以及上海张唐景观设计事务所等主持设计，规划、建筑、景观、亮化等环节参与的设计单位达三十多家。管委会领导层与规划团队对每一空间、每一处景观都进行反复的现场勘察和密切的沟通交流，最终确定以“自然的新生”为主题的矿坑公园项目设计方案，即以采石场现状地形地貌为基础，深耕历史人文与矿坑文化，再造湿地、草甸、湖区等景观元素，恢复宕口生态系统和景观风貌，同时植入科教娱乐、温泉体验及亲子活动等商业配套内容，形成“以山为幕”的特色矿坑体验公园。方案中包含了修复和提升山水自然景观，填补和丰富地区旅游产品，展示汤山发展的历史文化，以及提供居民休闲的公共场所等多方面的目标考量。高质量的规划设计，确保了项目精准的定位，以及修复、建设和运营的顺利进行。

第四，强化生态优先，精细修复建设。首先，汤山矿坑公园建设坚持绿色、生态的首要原则，在生态环境修复和配套设施建设中，以精细“手术”的方式设计施工，确保生态优先的本色。在山体修复上未做大面积修整，而是以提高山体稳定性为主进行修复，主要包括清除坡面危岩，采用点状锚杆技术加固崖壁，山顶设置截水设施，防止雨水侵蚀宕口的石灰石崖面等。对于长期的工业活动导致的水质状况相对恶劣，尤其是地表径流重金属含量超标，项目通过源头、路径及末端三个环节管理，建设宕口底部湖体、生态草沟、雨水花园和人工湿地以及生态滞留池等设施，在美化景观的同时，亦构建起完整的水源涵养、水体自然净化和对极端暴雨的弹性管控系统，净化后的水质达到地表水三类水质标准。为解决土壤板结以及大量渣土和岩石混杂，不利于植物生长的问题，在修复中采用土壤清运和地形重塑的方式，清运渣土 15 万方，修复地形 12 万方，有效改善了土壤环境。在生物多样性修复上，将物种多样性和栖息地稳定性作为重要目标，通过管控入侵物种、强化本地物种和保育珍稀物种三项措施，使得动植物的生存环境得到了系统性改善，重新构建了人与自然和谐共生的平衡关系。

其次，修复和建设中注重使用环保材料和废弃物再利用，例如用开采石矿及修复中遗留和产生的大块石料做成了公园的石笼挡墙、石笼座椅以及雨水花园和人工湿地的净化过滤系统；石渣用来做碎石子、水洗石铺装；池塘底泥用于花海景观区土壤肥力改善；废弃的砖窑厂设计成了工业风书店；废弃的农户房砖成为茶舍的建材；速生毛竹做竹木栈道；碎树皮做无动力乐园秋千的缓冲地面；透水混凝土和 PC 砖做园内道路等。

另外，立足非动力矿坑公园的设计，不安装使用重型设备，不设置机械型活动游览项目，尽管容客率、活动承载率有所降低，但极大地降低了对生态环境的影响，降低了机械设备使用的人力成本和维护成本，提高了游览活动的安全性和效益性。

第五，依托市场力量，实现多元共赢。市场化最大的优势是能实现项目的内生性、可持续性。汤山矿坑公园项目作为不收门票的开放式公园，其责任单位为汤山温泉旅游度假区管委会，承担具体修复、建设等工作的是其下属全资子公司——南京汤山建设投资发展有限公司（以下简称建投公司）。为强化运营经济效益，建投公司又专门成立了南京汤山矿坑运营管理有限公司（以下简称运营公司），负责公园的经营性项目的市场策划、营销、管理及现场维护等。管委会以促进地区经济和产业发展为核心功能，而直接运作的下属子公司则是追求投资收益、完全市场化经营的市场主体，其市场性特征确保了矿坑公园项目的经济效益基因。

具体的业态和商业项目甄选上，运营公司在公园总体业态定位下，根据市场情况提出发展需求，管委会规划部门对需求进行地质环境的可行性论证，只有既具有市场潜力，又属于生态环境友好型的项目才能真正落地。目前已开发的经营性业态有无动力乐园、卡丁车、射箭、皮划艇、极限热气球、烧烤、餐厅、茶舍、小吃、文创及研学等品类丰富的文旅产品。除此之外，矿坑公园还通过举办各类会展和活动来提升品牌和经营收入，自 2018 年 12 月公园部分建成对外开放，已举办了矿坑音乐节、汤山温泉文化旅游节、健身瑜伽慈善嘉年华、全国瑜伽大赛等诸多活动。2020年矿坑公园累计接待游客约100万人次，其中仅2020年国庆节当天接待的游客数量就超过了1万人次。无动力乐园、卡丁车、半山营地及餐饮等消费项目营收已接近1000万元，扣除日常的运营、维护成本，矿坑公园目前已实现经营性盈利。

极具特色的开放性公园吸引了大批周边游客和居民休闲游玩，除了带来矿坑公园自身的经营收入外，也显著拉动了周边地区的购物、餐饮、住宿及其他景点门票等各方面的消费，促进了区域整体经济发展。因此，矿坑公园项目不仅仅提升了片区的生态环境质量，为居民提供了高质量的公共活动场所，为管委会及其他经营主体带来丰厚经济收益，还提供了大量就业机会，提高了居民收入水平，真正实现了多元共赢的局面。

第六，嵌入文化元素，凸显文化张力。汤山矿坑公园是主题性公园，矿坑是其最大风貌特色。在大多数的废弃宕口治理中，复绿是最常用的简捷方式，但矿坑公园项目反其道而行之，在确保环境安全的前提下，完全保留了采石宕口的原始风貌，将其打造成“以山为幕”的特色景观。巨大裸露的宕口是开山采石、破坏生态环境的历史见证，也是城市工业化发展的历史铭记。裸露的“伤疤”给人们更强烈的视觉冲击，也给人们更深刻的环保反思和教育。

无动力乐园设有采矿盒子、大滑梯、秋千滑索、巨型蹦床、戏水池五大区域，其设计灵感来源于采石的工艺流程，从爆破开采、破碎、筛选、水洗、皮带运输，最后到成品，一整套流程，让人们在游乐中体验采石的过程。除此之外，旧砖窑厂改造成的书店，锈钢板搭建的盘旋而上的天空廊道，弯曲锈钢管形状的路灯、岩石状的地灯，标刻汤山特殊历史年份的时光隧道，《大地》题材的山幕电影，石笼博物馆、地质文化交流中心（星空餐厅）、民俗文化交流中心（云几茶舍）以及各种文创产品等，无一不体现了矿坑特有的文化魅力。

三、案例点评（经验与启示）

习近平总书记在《环境保护要靠自觉自为》一文中指出，自觉同自发相比，是一种积极的状态。汤山矿坑公园建设处处体现了生态环境治理中的积极主动和自觉有为，是贯彻落实习近平生态文明思想的生动体现，其经验和启示主要有以下几方面。

1. 以生态为本，创新绿色发展实践

生态生产力是现代社会发展的必然要求，是步入生态文明时代的重要标志和特征，也是人类为了实现长期维持自身生存和可持续发展的必然诉求。坚持生态可持续发展，并非仅仅是理念的宣传和理论上的论证，而是要在实践上使之深入活动的各个领域和环节。南京汤山矿坑公园建设跳出了狭隘的项目视角和技术视角，站在更宽广的层面，以生态为本，用具有区域整体意义的理念、方法开展治理修复和建设工作。从更尊重自然的区域共生角度对包括山、水、土、林、动植物、设备设施、产业体系和人群活动进行生态可持续规划；以更尊重自然的生态观创新治理工艺，维护整个生态的统一性；甚至以规划人类活动退出安全界外的方式为矿坑宕口的自然修复留出空间。通过将生态环境因素充分纳入生产力发展的统筹之中，并作为生产力发展的首要考量标准，促进生态环境得到系统性改善。

2. 以规划为纲，坚持目标严守标准

规划作为全面长远的发展计划，是对未来整体性、长期性、基本性问题的考量，是未来行动的指南。南京在废弃露采矿山环境治理中充分发挥规划的引领作用，一是在矿山地质环境详细调研的基础上，科学制定矿山地质恢复和整治规划，根据实际情况，因矿施策，指导废弃矿山治理宜林则林、宜耕则耕、宜渔则渔、宜工则工、宜景则景，治理与合理利用并重；二是制定规划实施引导文件，对开发利用宕口的建设规模、功能类型、空间形态等方面进行引导；三是根据引导文件为宕口开发进一步编制专项研究、详细规划和修复设计方案；四是依据规划通过精准的景观设计对废弃场地进行景观重塑和再利用，进而完善区域功能和再造生态平衡。

3. 以治理为要，政府市场有机结合

实现城市生态可持续发展关系到社会生活的各个方面，是一个庞大而复杂的工程，需要政府与社会的共同努力。南京将区政府作为矿山环境治理主体，区长作为辖区矿山环境治理第一责任人，度假区承担具体治理责任，一是有利于解决整治工程矛盾牵扯面广、协调历史遗留问题和矛盾难的问题。二是有利于在矿山环境治理与区位发展结合的层面上，进行统筹。三是有利于积极发挥政府的引导作用，为社会参与治理提供良好的投资环境和政策。同时发挥市场作用，引入市场机制，使得汤山矿坑公园在多元利益群体共生中实现经济、社会和生态效益的可持续性。

4. 以文化为魂，彰显人文价值取向

任何景观都是文化的载体。汤山矿坑公园在设计、建设中始终秉持文脉传承的理念，紧紧围绕着矿区的生态修复、景观营造以及历史文化沿革，打造集文化娱乐、休闲健身、科普教育于一体的公共活动空间。通过景观和游乐活动使人们得到心灵的愉悦，突出体验感；通过保留矿业文化的遗迹引发人们对如何与自然和谐相处的思考，从而更加敬畏和珍视自然；引入先锋书店，提升文化品质，开展亲子研学、丰富知识内涵。不论是自然景观还是装置景观，或是主题活动，无一不是城市活力的具体展现和生态文明思想的生动实践。

作者简介

邓炜，中共南京市委党校（南京市行政学院）经济学教研部副主任、副教授。

黄向梅，中共南京市委党校（南京市行政学院）经济学教研部讲师。

从“邻避”到“邻利”的跨越发展

——无锡锡东垃圾焚烧发电项目原址复工的创新实践

2018年5月18日，习近平总书记在全国生态环境保护大会上明确指出：“生态环境是关系党的使命宗旨的重大政治问题，也是关系民生的重大社会问题。要坚持生态惠民、生态利民、生态为民，重点解决损害群众健康的突出环境问题，加快改善生态环境质量，提供更多优质生态产品，努力实现社会公平正义。”2020年11月12日，习近平总书记在江苏考察时再次强调：“生态环境投入不是无谓投入、无效投入，而是关系经济社会高质量发展、可持续发展的基础性、战略性投入。城市是现代化的重要载体，也是人口最密集、污染排放最集中的地方。建设人与自然和谐共生的现代化，必须把保护城市生态环境摆在更加突出的位置，科学合理规划城市的生产空间、生活空间、生态空间，处理好城市生产生活和生态环境保护的关系，既提高经济发展质量，又提高人民生活品质。”

一、背景情况

党的十八届三中全会明确指出：建设生态文明，关系人民福祉、关乎民族未来。必须要把生态文明建设放在突出地位，融入经济建设、政治建设、文化建设、社会建设各方面和全过程。

无锡市位于长江三角洲平原腹地，江苏南部，北倚长江、南濒太湖。市域总面积4627.47平方千米，2020年末户籍人口508.96万人，人口密度全省第一。改革开放以来，综合实力持续增强，2020 年全市地区生产总值 12370.48 亿元，人均国内生产总值在全国大中城市中排名第 2 位，一般公共预算收入 1075.70 亿元。

随着经济社会的快速发展和城市化水平的不断提升，城市生活垃圾不断增加与垃圾处理能力相对滞后的矛盾日益突出，成为制约经济社会发展、影响人民群众生活的重要因素，亟须新建生活垃圾处理设施，完善城市生活垃圾处理系统。

2007 年 8 月，无锡市决定启动锡东生活垃圾焚烧发电项目。作为全市生态文明建设和固体废弃物处置的重大项目，锡东电厂占地 16.6 公顷，跨锡山区东港镇、江阴市长泾镇，共涉及 63 个村庄，5958 户家庭，21928 口人。总投资 14 亿元，设计生活垃圾处理能力每天 2000 吨。2011 年，因仓促点火调试冒黑烟，当地居民担心项目对身体健康、环境质量等带来负面影响，引发群体性事件，项目被迫终止下马。

一边是“邻避”效应矛盾凸显，一边是“垃圾围城”形势告急。2015 年无锡市年产生活垃圾 130 多万吨，日均 3800 吨，并呈逐年上升趋势。作为全市垃圾处理主要设施，桃花山垃圾填埋场历经三次扩容，已超期超负荷运行，垃圾堆体高达 100 多米，存在严重的安全隐患和环境风险。

同国内大多数经济发达城市一样，破解“垃圾围城”成为无锡实现健康可持续发展的一道必答题。解题之难，因 2011 年的锡东电厂点火未果，而变得难上加难。事实上，首次点火未果后，曾因考虑影响社会稳定，最终对这座“天王山”望而却步。

二、基本做法

（一）直面矛盾作抉择

锡东电厂不能复工，垃圾将无处可去；原址点火复工，又极可能再次引发“邻避”效应。面对城市固废的不断增加和垃圾处理能力不足的突出矛盾，面对锡东电厂复工投产的迫切需要和群众不理解的现实矛盾，如何确保社会稳定，尽快疏通城市运转的堵点，打开固废处置的新局面，成为无锡必须打赢的一场攻坚战、必须啃下的一块硬骨头。是否组织原址复工，是无锡市委、市政府必须作出的重大抉择。

锡东电厂复工是无锡破解“垃圾围城”危机的唯一出路，是关乎无锡生态建设的长远大计。“不能错过处置难题的窗口期，更不能击鼓传花把问题留给下一任。”2015 年 4 月，无锡新一届市委主要领导以敢于担当的精神，带头理清思路，转变观念，经过一年多的摸底准备，2016 年 5 月，市委、市政府专门召开会议，要求就锡东电厂复工开展先期研究工作，2016 年 10 月，无锡市第十三届常委会第二次会议决定电厂原址复工，并确定复工方案。

无锡市委、市政府的指导思想非常明确，就是要充分认识电厂原址复工的重要性和紧迫性，坚守不损害群众的利益，尤其是不对群众的生命健康造成不利影响这一底线，采取最高标准、最好设备、最优工艺，高标准高质量高效率推进电厂复工建设，全力打造安民工程、亲民工程、富民工程。安民，就是要严格遵守相关法律规定，用最高标准、最好设备、最优工艺对电厂进行改造提升，确保建设运营的安全，让群众放心、安心；亲民，就是要高度重视周边环境的建设，把该项目打造成为绿色生态工程、环保科普基地、工业旅游园区；富民，就是要通过提高群众福利、公益基金补偿、生态园区建设、村庄环境整治等措施，让人民群众得到实惠。

（二）配强力量建机制

2016 年 10 月，无锡市成立锡东环保能源有限公司复工联合工作组（简称“联合工作组”），由市委主要领导任组长，下设项目建设组、锡山工作组、江阴工作组等 6 个工作组，形成“1 个联合工作组 +6 个工作组 + 20 个工作小组”的组织领导体系。

在力量配备上，联合工作组重点组建三支队伍。一是片长队伍。对应划分的 6 个工作片区，鉴于项目所在地紧邻东港镇黄土塘村，精心挑选 3

名担任过该村书记的黄土塘籍副镇长和3位有威望、群众工作经验丰富、熟悉黄土塘村情的村书记分别担任片区负责人，建立了强有力的工作领导团队。二是骨干队伍。各片区片长分头做好片区村民组长工作，逐一了解片区村民组长情况；动员村民组长组织村民骨干，形成了“片区负责人、村民组长、村民骨干”三级工作网络，推动群众工作零距离。三是专门队伍。为做好全面进村入户工作，抽调镇村两级人员350名人员组建100个协同工作组，负责进村入户开展群众认同工作。在组建队伍的同时，加强人员培训，帮助三支队伍了解政策措施、宣传口径和电厂生产运营技术标准，增强工作信心和底气。

在风险管控和压实责任上，联合工作组重点建立三项机制。一是事前社会风险评估机制。对可能出现的影响社会治安和社会稳定事项，如征地拆迁、环境影响、社会保障、群众工作等，设立相应的应急处置预案。二是事中板块条线联动机制。整合党委宣传部门、纪检监察、网信等部门力量，建立起纵向到底、横向到边，条块结合、以块为主，全覆盖、无遗漏的舆情工作体系，及时反馈信息、处理舆情。三是事后风险发生问责机制。对涉及社会稳定的重大问题，坚持“属地管理，分级负责，党政同责，部门共责，谁主管谁负责”的原则，依法依规传导压实工作责任。

（三）增进认同解心结

锡东电厂采用国际上先进的欧盟2010标准，技术上没什么问题。难点在于，如何打消村民的顾虑。做好群众认同工作，解开群众心里的疙瘩，是复工投产的基础工作和关键所在。

真心沟通增认同。工作组采取召开座谈会、上门拜访、个别约谈等多种形式，面对面沟通交流，了解群众对电厂复工的态度和诉求。对群众意见建议，按照“合理就办、平衡就办、能办则办、应办尽办”的原则，组织召开60余次专题会议，分类制定解决方案，妥善回应合理诉求。复工工作开展以来，工作组重点走访了3591户家庭285家企业，征集了

29700 人次意见，合理解决了 10151 条建议。有位村民人在外地，老宅所在地被纳入电厂配套的生态园建设范围，工作组成员多次给他打电话，详细解释拆迁政策，并作出政策公开透明、决不厚此薄彼的承诺。耐心细致的工作最终打动了这位村民，他特地赶回老家在拆迁协议上签字。

精准引导增认同。一是体制人员先行。工作组分别召开党政联席会议、镇村老干部会议、学校医院中层干部以上会议以及镇村干部企业包干、认领包干等各类会议，通过比进度、晒成效等方式，充分调动和发挥干部积极性和主动性。二是镇村干部包干。通过“一把钥匙开一把锁、一把钥匙开几把锁、几把钥匙开一把锁、一把‘万能钥匙’开上百把锁”的群众工作方法，充分发挥镇村干部以及村民组长群众工作经验足、接地气、办法多的特点，有针对性地加强宣传教育和引导说服。三是骨干企业认领。东港镇工业企业众多，黄土塘村民在企业的员工有 1056 人，合计 751 户，占到认同总户数的 40%。工作组以骨干企业为突破口，充分发挥其组织化程度高等优势，发动企业做好员工认同工作，取得显著成效。

事实说话增认同。一是组织现场参观。2016 年 11 月，共组织村民 6600 人次赴常州同类垃圾焚烧发电厂进行了参观，村镇基本上每户一人，将参观所见所闻传递到每户家庭。在电厂综合调试期间，工作组又组织了监管组成员、镇村干部、村民组长及老干部老党员代表近 80 人对锡东电厂进行实地参观。通过参观，达到了消除思想疑虑、提升情感认同、增强工作信心的目的。二是便利群众监督。为让群众知情参与，锡东电厂复工过程完全透明，建设目标、决策信息全部公开。按照无锡市关于监管确定的企业层面、政府层面、公众层面和第三方监督“四层监管”模式的要求，联合工作组专门成立群众监管组，实行常态化、不定期监管，并出台细化方案便利群众监管。三是用好技术设备。锡东电厂的建设按照当前国际上最高的欧盟 2010 标准进行。复工建设期间，项目组协调建设方光大无锡公司抽调了数十位技术专家驻厂，对所有设备逐个进行摸查。最终对 994 个项目进行了更新、消缺和大修，占全厂设备数的 90.8%。

惠民利民增认同。各级领导干部发自内心为群众解难题，对各项政策措施反复权衡、充分论证，尽可能普惠多一点、特惠准一点，争取为锡东电厂复工创造坚实的民意基础。为切实兑现政府承诺，取信于民，提高群众对电厂复工的认同度，工作组按照“富民工程”的要求，立足“能快则快、能好则好、特事特办”的原则，全速推进民生实事工程和惠民政策落地。电厂成功调试后，制定落实惠民措施“百日攻坚”行动方案，集中开展攻坚行动。对社会关注、群众关切的住宅非住宅拆迁、土地置换社保、村庄整治、道路学校建设等惠民措施集中开展攻坚行动，切实给群众带来看得见、摸得着的实惠。

依法治理增认同。一是依法强化环保监管。在项目推进过程中，督促项目建设方光大无锡公司主动承担环境保护社会责任，严格遵守环保法律法规，全面落实各项环保措施，遵守“环评”和“三同时”制度，严格执行《生活垃圾焚烧污染控制标准》（GB18485—2014）国标要求并满足欧盟2010标准，其他所有涉及环境影响的指标均达到环评要求和相关标准。二是及时引导舆情。加强对电厂复工投产的正面宣传引导，对个别煽动村民、发布不实言论者，综合运用谈心谈话和法制教育等措施，及时化解不稳定因素，营造良好的舆情环境。

通过艰苦细致的工作，群众心里的“心结”一步步打开，认同一步步增强，认同率最终达到99.7%。2017年9月4日，锡东电厂成功复工点火。复工投产以来，无锡市始终坚持安民亲民富民，落实惠民举措；项目建设方光大无锡公司一直保持良好运行，没有发生任何负面事件；电厂周边广大住户和村民的顾虑逐步打消，实现了“民怨”到“民愿”“邻避”到“邻利”的跨越发展。

（四）着眼长远促发展

锡东电厂复工工作启动以来，无锡市持续推进安民工程、亲民工程、富民工程建设，着力让绿水青山成为金山银山。

打造锡东生态园实现空间补偿。锡东生态园有“千亩绿肺公园”之称，占地5100亩，总投资4.9亿元，定位为大型公益性开放式森林生态园区。它正中心“包围”的，就是锡东电厂。无锡市以“空间补偿”的方式，借助锡东生态园“包围”锡东电厂，一方面为邻近固废处置设施的公众提供休闲娱乐“福利”，作为对可能的环境福利下降的补偿；另一方面提高公众的“接受度”，减小公众对生活垃圾焚烧厂等处置设施的抗议性、恐惧性心理，降低环境教育、风险沟通的难度。

打造田园综合体助力产业发展。2019年初黄土塘村与江苏水乡园居农业文化旅游发展有限公司联建合作项目黄土塘田园综合体，紧紧依托锡东生态园创造的良好环境，充分利用现有流转土地，实现以高效农业为特色，融合科普、体育、文创、旅游、教育培训为一体的综合田园产业园。一期打造的“锡东 · 光宅里”位于黄土塘村西北片区，占地4500亩，投资2.5亿元。产业园作为东港镇全域旅游、现代农业展示、实现乡村振兴的重要载体，突出高效农业特色，进一步带动了电厂周边村级经济发展、农业增效、农民增收。

打造美丽乡村促进城乡一体化。以复工投产为契机，以美丽乡村建设为抓手，推进公共服务均等化，不断缩小城乡差距，古老乡村焕发出蓬勃朝气。先后对黄土塘南路、晃山桥路、卢巷路、外环路、大成路、黄土塘北路等6条道路实施沥青路面改造、主干道路绿化、全线路灯亮化等工程，交通出行更便捷。无锡市文保单位吴氏旧宅修筑工程已启动，黄土塘战斗纪念碑提升改造以及部分沿街店面改造工程已完成，古村改造换新颜。安置房五期建设、东湖塘小学建设、怀仁幼儿园建设、村庄示范点均已启动建设，配套设施不断完善。如今，锡东电厂附近的农村在交通、公共服务、古村改造、配套设施上与城市的差距越来越小。60多岁的村民姚金南最爱讲述环境变迁，他说：“以前村民垃圾乱丢，厕所脏乱，很多居民都迁出去了，现在环境这么好，大家又都回来了！”

三、案例点评（经验与启示）

2019年，锡东环保能源有限公司复工联合工作组获得中央表彰，成功入选第九届全国“人民满意的公务员集体”。从浴火重生到征途如虹，联合工作组铸就了一支“信念坚定、为民服务、勤政务实、敢于担当、清正廉洁”的公务员队伍，书写了一个“为民担当，让人民满意”的经典样本。同时，也为其他地区提供了可学习、可借鉴、可推广的生态环境治理实践样本。

（一）党的领导是推动锡东电厂顺利复工的根本保证

无锡市委以习近平生态文明思想为遵循，自觉提高政治判断力、政治领悟力、政治执行力，着力从政治上看问题，主动担责，直面矛盾，敢于决断，制定实施符合客观实际、顺应群众期盼的工作方案。坚持党委集中统一领导，精心组织各方，传导压实责任，汇聚强大力量。面对争取群众认同、设施提标改造等诸多难题，以上率下，迎难而上，定了干、马上办、办到底，撸起袖子加油干。锡东电厂原址复工投运，得益于党的领导的有力保证。

（二）坚持以人民为中心是推动锡东电厂顺利复工的价值追求

锡东电厂引发的邻避冲突既是一个生态环境的社会治理问题，也是一个重大的政治问题、民生问题。锡东电厂复工过程中，无锡市始终坚持以人民为中心的发展思想，遵循共建共治共享原则，坚守“群众不认同不开工”的共识，充分考虑不同群众利益诉求、认识水平、文化心理等差异，采取“一把钥匙开一把锁、一把钥匙开几把锁、几把钥匙开一把锁、一把‘万能钥匙’开上百把锁”等群众工作方法，用扎实的群众工作、贴心的惠民举措，赢得了99.7%的群众支持。坚持以人民为中心，理解信任群众、动员依靠群众、真心服务群众，是锡东电厂顺利复工的重要经验。

（三）可持续发展是推动锡东电厂顺利复工的重要理念

无锡在破解邻避效应的同时，坚持走可持续发展之路。一方面，锡东电厂走清洁化、循环化的路子，通过焚烧垃圾发电上网，实现垃圾处理“减量化、无害化、资源化”的环保型循环经济模式；另一方面，依托锡东生态园，培育新的经济增长点，打造田园综合体，推进美丽乡村建设，把“生态资本”转变为“富民红利”，把生态效益转化为经济效益、社会效益。破解邻避效应，不能仅把目光集中在治理“邻避”上，还要妥善处理生态治理和经济发展之间的关系，把可持续发展、绿色发展理念贯穿邻避治理的全过程各环节，为打造生态空间、增进百姓福祉奠定基础。

（四）统筹兼顾是推动锡东电厂顺利复工的基本方法

邻避设施建设往往涉及多个利益主体，具有内在复杂性，其无法回避的负外部性更是诱发矛盾冲突的重要隐患。防范“邻避”效应要有系统思维。锡东电厂顺利复工过程中，无锡市科学布局生产空间、生活空间、生态空间，建设锡东生态园等“邻利型”服务设施，变“邻避”为“邻利”，缓解、消散邻避设施的负外部性。坚持统筹兼顾，既破解“垃圾围城”之困，又解除“邻避”效应之忧；既做思想工作，又打出解开心结的“组合拳”；既发挥干部的作用，又整合各类社会主体的力量；既让电厂开起来，又让周边群众笑起来；既让群众免除环境污染之扰，又让群众日子过得更好。应对复杂矛盾，化解生态环境治理难题，需要强化系统思维，用好统筹兼顾的工作方法。

作者简介

许波荣，中共无锡市委党校（无锡市行政学院）基本理论教研室教师。

李建波，中共无锡市委党校（无锡市行政学院）基本理论教研室主任、教授。

“河长制”到“河长治”

——基层生态治理的“法宝”

习近平总书记强调，生态环境是关系党的使命宗旨的重大政治问题，也是关系民生的重大社会问题。绿水青山和金山银山有机和谐统一，关键在人，关键在思路。为实现“绿水青山就是金山银山”的目标，迫切需要推进国家生态治理体系和治理能力现代化，为走绿色发展道路提供有力保障。我们要走绿色可持续发展的新路子，就是积极探索寻求生态保护和经济建设共荣共赢的发展新模式。

全面推行河长制是以习近平同志为核心的党中央从人与自然和谐共生、加快推进生态文明建设的战略高度作出的重大决策部署，是破解我国新老水问题、保障国家水安全的重大制度创新。2016 年 12 月 31 日，国家主席习近平发表 2017 年新年贺词，回顾 2016 年所取得的成就时，在生态环保领域，他首先提到“每条河流要有‘河长’了”，再次将河长制带入公众视野。近年来，在党中央、国务院的坚强领导下，在各地各部门的共同努力下，河长制工作取得重大进展，2018 年 6 月底，我国全面建立“河长制”，比原计划提前半年完成，河湖管理保护从此进入新阶段，千万条哺育着中华儿女的江河有了专属守护者。长兴作为河长制的最早探索和实践地，在这方面积累了一些有益的实践经验。

一、背景情况

长兴是全国文明城市，地处浙苏皖三省交界处，是浙江的北大门，县域面积1430平方公里，下辖9镇2乡4街道，户籍人口63.45万。长兴县区位优越，交通发达。位于太湖西南岸，地处长三角中心腹地，北与江苏宜兴、西与安徽广德交界，自古被称为“三省通衢”，对外交通发达，与上海、杭州、南京等大城市均在1小时交通圈内。作为中国茶文化发祥地之一，“茶圣”陆羽在长兴写下了我国第一部茶叶专著《茶经》。此外，长兴县还有“鱼米之乡”“丝绸之府”“东南望县”的美誉。

长兴是全国综合实力百强县、全国县域经济竞争力百强县，工业以新型电池、新能源汽车及关键零部件、高端装备制造、现代纺织为主导。2019年，实现地区生产总值693.28亿元，城乡居民人均可支配收入达到59848元和35274元。城乡居民收入比为1.71∶1，是全国城乡收入差距最低的地区之一。在生态环境方面，长兴是国家生态县、全国农村生活污水治理示范县，同时被列为全国新时代文明实践中心建设试点县，拥有全市、全省乃至全国一流的文教卫基础设施，是全国义务教育发展基本均衡县、公立医院综合改革国家级示范县、全国文化先进县。

长兴位于太湖之滨，县域内河网密布，水系发达。辖区内有规模河流547条，水库35座，山塘386座，水域总面积88.8平方公里。独特的水资源造就了长兴因水而生、因水而美、因水而兴的山水文化特质。长兴的547条河道中跨乡跨村的河道就有314条，还有86条作为乡镇和村之间的行政区划线。20世纪末以来，“高增长、高排放”的发展方式在创造经济增长奇迹的同时也逐渐积累了许多环境问题，特别是2003年前后全县民营企业遍地开花，几万台喷水织机污染了河道湖泊，与此同时村民在河道两岸养猪养鸭，使历史上的江南鱼米之乡，深受黑水臭气的困扰。由于村镇之间治理时间不同步，标准不一，责任主体不明确，造成河流管理形成很多部门能管，但却没有部门真正能管和愿意管的局面。

二、基本做法

保护江河湖泊，事关人民群众的福祉。河湖管理保护是一项复杂的系统工程，涉及上下游、左右岸、不同行政区域和行业。因此，水环境治理中的推诿扯皮是全国河湖治理的普遍难题。流域科层治理碎片化是我国流域管理体制长期以来的特征之一，不仅表现为各上下游行政区域之间权利、责任和利益界限的模糊性，还表现为同一行政区域内的水资源管理和水污染防治相互分离等缺陷。由此而引发出江河流域出现乱倒乱排、乱建乱占、乱采乱截等现象，给河流水质的健康带来严重的影响。

长兴县作为太湖水源的涵养地，“生态 +”的先行地，河长制的发源地，一直坚定不移践行“绿水青山就是金山银山”理论，持之以恒抓好河长制工作，走出了一条以河长制为载体，以各级河长协同推进为抓手，以环境综合治理，产业转型升级，经济社会持续发展为重点的治水之路，实现了“水秀、景美、业兴、民富”的治水目标。

（一）长兴河长制发展历程

河长制起源于长兴，成长于太湖，壮大于浙江，花开于全国。长兴河长制的历程主要分为四个阶段：萌芽期、发展期、成熟期、深化期。

第一阶段，萌芽期（2003 年）。2003 年，长兴在“国家卫生县城”创建中实行路长制，城区每条道路落实专门“路长”，负责日常管护的监督和协调工作，地面保洁取得显著改善，顺利通过“国家卫生县城”创建。此时的长兴陆续在卫生责任片区管理、道路管理、街道管理中推出了片长、路长、里弄长等管理机制。借鉴路长制管理，2003 年 10 月，鉴于城区的护城河、坛家桥港河道出现脏、乱、差等问题，决定对这两条河道实行河长制管理，由此出台了最早的河长制任命文件，河长分别由时任水利局、环卫处负责人担任，负责河道的清淤、保洁等管护工作。长兴将长期的成功经验延伸到河道管护上，率先在全国试行河长制，是全国第一个试水河长制的县域。由此，河长制在长兴大地上落地生根。河长制治水改革采取了纵向行政分包、横向跨部门资源整合、区际协调，引导社会和公民参与等一些具体措施，其实质是我国流域生态环境治理中的整体性治理的一种探索实践。

第二阶段，发展期（2004—2008年）。初步形成了县、镇、村三级河长体系。2005年，为切实改善包漾河饮用水源水质，由时任水口乡乡长担任包漾河及上游水口港河道河长，负责做好喷水织机整治、水面保洁、清淤疏浚、河岸绿化等工作。至此长兴出现了第一个镇级河长，治理范围向饮用水源河道延伸。2005—2007年，河长制向村级河道下延，全县对包漾河周边渚山港、夹山港、七百亩斗港等支流实行河长制管理，由行政村干部担任河长，开展喷水织机污染整治、工业污染治理、河道清淤保洁、农业面源污染治理、水土保持治理修复等工作，诞生了第一批村级河长。2008年8月，河长制治理开始向县级河道提升。长兴县下发了（长委办发〔2008〕147号）文件，决定开展“清水入湖”专项行动，由4位副县长分别担任4条入太湖河道的河长，负责协调开展工业污染治理、农业面源污染治理、河道综合整治等治理工作。由此，全国第一批县级河长诞生。

第三阶段，成熟期（2009—2013年）。长兴县全面构建了三级河长架构，实现了河道河长全覆盖。2009年至2012年由乡镇班子成员担任辖区内的河道河长，落实河道管护主体责任，实现了镇级河道全覆盖。2013年9月6日，长兴县委下发（长委发〔2013〕36号）文件，开展“让长兴的水秀起来”水环境综合治理专项行动，对全县所有河道全面实行河长制。浙江省在总结长兴实行河长制取得良好成效的基础上，在全省提出推行河长制工作，同时以治水为突破口，倒逼转型升级，铁腕治水开全国的先河，提出了省—市—县—乡—村五级联动的河长制创新模式。五级河长体系已全省覆盖，并将河长制向小微水体延伸，推出了渠长、塘长、湖长等。

第四阶段，深化期（2014至今）。2014年以来，长兴先后出台《基层河长巡查工作细则》《关于全面深化落实“河长制”工作的十条实施意见》《长兴县河长制工作制度》《全面深化落实河长制实施意见》等文件，不断深化完善河长制各项工作，河长制工作进入制度化、规范化管理。长兴县把全面推行“河长制”作为五水共治基础性、关键性的制度，通过河长制，将河流水质改善中的具体责任落实到人，完善了日常监管巡查制度。

（二）长兴河长制的主要实践方式

进入新时代，河长制成为中国生态文明建设的新实践。如何让河长制不仅仅是“挂名制”，如何让河长从“有名”到“有实”，如何让群众从“见河长”到“见行动”再到“见成效”？

经过十余年的探索和实践，长兴不断健全责任体系、创新工作模式，优化工作流程，逐步实现了具有长兴特色的河长制管理模式，“河长制”管理实现了从单一河道治理到流域综合治理、从阶段性治理到常态化管理的转变。借河长之力、治长兴之水，倚治水之效、现美丽长兴，通过全面推行河长制，工作成效在长兴大地随处可见。

1. 县乡村组全覆盖，推动“政府治水”走向“全民治水”

长兴县位于太湖流域上游，地处杭嘉湖平原，境内河网水系发达，547条河道全长1659公里。试水阶段的河长由各级党政领导亲自担任，负责辖区内河流的水环境治理和水质的改善，其实质是领导督办制、环保问责制所衍生出来的河道水环境管理制度。也可以通俗的理解为“河长制核心是党政首长负责制，破除体制顽疾，改变‘环保不下河，水利不上岸’的尴尬”。这是因为山水林田湖是一个生命共同体，治水靠一个部门单打独斗不行，必须统筹上下游、左右岸系统治理。河长制表面上是生态环境保护的一个行政总动员，实质上是以打破区域和部门行政权力界限的方式来克服生态环境和资源利用的外部性。长兴县的夹浦港是长兴最早实行河长制的一条河道。紧邻太湖的夹浦镇曾是轻纺重镇，一度拥有3万多台喷水织机，排放的废水中含有油脂等污染物；污染了周边水体，影响群众身体健康。时任夹浦港镇级河长徐诚坦言:“通过河长制管理整治，所有机器全部纳入污水管网，全镇所有的污水实现了回用，彻底切断了污染源。”不可否认，以“凡水必治、凡水必清”为目标的“河长制”让长兴的水越来越清澈。

2013年，长兴县委、县政府着手建立县、乡、村、组四级河长管理模式，共落实各级河长547人，宣传、巡查、监督、曝光一样不能少。由县领导担任县内16条主要河道河长，由乡镇领导担任辖区主要河道或跨村河道河长，由村干部担任行政村内河道河长，由承包组组长担任承包组内河道河长，形成“横向到边，纵向到底”的河长制管理体系，从“政府治水”转向“全民治水”。有针对性地提出了“水岸共治”和“属地保洁”概念，即水面保洁和岸上保洁同步进行，解决了“岸上垃圾水里漂，水上垃圾岸上捞”的难题。2013年底至2020年底，全县共完成河道清淤2106公里，打通断头河44条，治理垃圾河14.55公里，黑臭河18.8公里，实现1659公里河道保洁全覆盖，全县水生态环境明显改善。除了河长制，长兴县还不断向水库和水塘延伸，“库长制”“塘长制”的出现也颇有新意。对应县、镇、村、组四级河长制，配套落实河道警长制，县级河长河道警长由县公安局党委班子成员担任；乡镇级河长河道警长由辖区派出所中层领导干部担任；村级河长河道警长由辖区派出所民警担任。这些都是长兴县在河长制的基础上创新而来的，是河长制在最基层的一种衍生。河水逐渐清澈，居住环境改善是长兴县河长制交出的最具说服力的答卷。同时，长兴县高标准建成全国首个河长制展示馆，向公众介绍长兴治水实践经验和创新做法，已经成为各地党政领导干部、治水相关行业人士、大中小学生和社会公众接受水情教育的重要窗口。

2. 最大限度调动群众力量，让万民争当“河小二”

河湖管理保护之所以重要，就在于作为一种自然环境禀赋，河湖并非是大自然赏赐给这块土地上的一代人、两代人或几代人的，而是其为世世代代生存于斯的人们提供的基本生存条件，是国家和社会可持续存在和发展的刚性基础。这也意味着，这块土地上的每一代人，其留传给下一代的河湖资源，都应该是足以保证其后的世代子孙可持续生存和发展的“适用”状况。习近平同志曾强调：“良好的生态环境，是最公平的公共产品，是最普惠的民生福祉。”因此，人人都可以且应该成为民间“河小二”，保护河道，人人有责，只有多主体齐心协力全民参与才能推动河长制历久弥新。

长兴县创新河道企业认领制。由企业认领周边河道，参与河道日常巡查、定期义务劳动、协助河长履行工作职责、为河道治理建言献策等相关管理工作，实现企业角色由旁观者到守护者的转变，积极营造社会各界参与河道管理的良好氛围。长兴县依托组织部、工青妇和民间组织，并利用志愿汇 App 线上招募，不断壮大民间“河小二”的队伍，形成全员参与、全民监督治水的良好氛围。目前已经累计组织 2 万多名志愿者组成了 272 个护水岗。加强部门联动，形成联防联治工作格局，深化水利、环保、公安环境执法联动；每月随机抽查河长制巡查、例会、督查指导等工作情况，抽查结果与县政府对乡镇（街道、园区）的年度考核及县“五水共治”考核挂钩，并将相应河长履职情况的考核结果作为党政干部综合考评的重要依据；由女性社会组织代表、女企业家代表、主妇、志愿者等组成的“巾帼护水队”一直活跃在各村的河岸边，“巾帼护水岗”已覆盖该县 272 个村（居）、社区，在治水基层打造了又一片亮丽风景，形成了“每月至少开展一次入户宣传引导、一次垃圾清扫活动、一次沿河植绿护绿、一次全河段监视”的长效机制，确保护水岗的成立不是“花拳绣腿”。

长兴县以“河长日”活动、“最美河长评选”、生态河道创建等活动为载体，发动党员干部、社会群众、当地村民等积极投身河长制工作。充分发挥人大、政协、纪委监督职能，组织人大代表和政协委员积极参与河长制的监督，参与河道保洁、清淤疏浚等工作的考核；突出社会监督，通过聘请钓鱼协会会员担任义务监督员、设立河长警示牌、强化媒体曝光力度等途径，广泛动员社会力量参与监督，确保河长制工作落到实处。

3.“互联网 + 河长制”，推动智慧水务长效管理

智慧水务是带动社会力量投入水污染治理，保持长效治理的一条有效途径。“浙江省河长制管理信息系统”是浙江智慧水务建设的突出亮点，能够覆盖全省的智慧河长监控处理系统。通过该系统，省、市、县、镇四级河长可以通过 PC 端和移动端进行管理，公众可以通过 App、微信、热线电话等参与治水。

长兴县在乡镇建立河长制微信公众平台，将“河长制”微信公众号的二维码张贴在河长公示牌上，群众可以直接扫码关注并实时发送河道保洁、水域占用、渔业渔政等河道管理方面的问题，增加了社会监督的参与度和透明度，提高了监督的直观性和有效性，也提高了相关部门问题处理整改的效率。2016 年 6 月，长兴县使用了河长制管理信息化系统，为各级河长配发终端 512 台。河长在巡河过程中，把相关情况通过手机“河长 App”即时上传至信息化平台，由平台管理员根据问题分类及时分解至相关部门和乡镇街道，大大提高了巡查治水效率。截至 2020 年底，各级河长通过这一信息化终端开展巡查 26 万多次，上报解决各类事件 300 多起。通过系统，省内的大河小沟被电子化清晰呈现，交接断面、污染源、河长公示牌等信息一目了然。使用“河长制”App，各级河长只要点点手机就能上报、处理、反馈各种紧急涉河事件，撰写电子版的“河长日志”；为老百姓特别定制的“人人护水”App，则可以查询水质、寻找河长、举报投诉，只要定位、上传“随手拍”照片，所反映的问题 5 个工作日就可得到解决。

一套由浙江长兴等地探索出来的保护水体环境的制度——河长制，得到了国家层面的认可。2016 年底，中共中央办公厅、国务院办公厅共同印发《关于全面推行河长制的意见》(以下简称《意见》)，将河长制推向全国。《意见》明确要求在 2018 年底前全面建立河长制。2017 年 6 月 27 日新修改的《中华人民共和国水污染防治法》首次将河长制写入其中。2018 年 6 月底全国 31 个省、自治区、直辖市全面建立河长制，提前半年完成中央确定的目标任务。目前，全国有120多万名河长，河长体系延伸到了村一级。

三、案例点评（经验与启示）

全面推行河长制，是以习近平同志为核心的党中央从人与自然和谐共生，加快推进生态文明建设的战略高度作出的重大决策部署，是促进河湖治理体系和治理能力现代化的重大制度创新，也是维护河湖健康生命、保障国家水安全的重要制度保障。党的十九届五中全会审议通过的《中共中央关于制定国民经济和社会发展第十四个五年规划和二〇三五年远景目标的建议》提出，"强化河湖长制，加强大江大河和重要湖泊湿地生态保护治理""实施河湖水系综合整治，改善农村人居环境"。在全面建设社会主义现代化国家新征程中，"建设造福人民的幸福河湖"是不可或缺的重要内容。坚持生态优先、绿色发展，推动河长制由全面建立转向全面见效，才能不断增强人民群众的获得感、幸福感、安全感。

十多年来，长兴县河长制工作不断深化，有力助推了长兴水环境质量的持续改善，营造了全民治水护水良好氛围，推动了河长制迈向"河长治"。来自长兴县治水办的数据，截至2016年11月底，该县已经完成县控以上交接断面水质达标率100%，同时全面清除了垃圾河、黑臭河。长兴的先行先试，为河长制在全国的推行积累了宝贵经验。这个新制度的推广，让江河湖泊实现了从没人管到有人管、从管不住到管得好的转变，推动解决了一批河湖管理保护的老难题。河长制是对水环境治理的一种新尝试，是在我国严峻的水环境污染情况下，针对我国长期的"九龙治水、群龙无首"等管理制度的一种创新。长兴县以推动河长制从"有名"向"有实""有能"转变为主线，压紧压实河长湖长和有关部门责任，从而实现"有人管""管得住""管得好"。

（一）系统性的工作思维和工作方法。思维结构决定工作成败，凡事要有系统性全局观，治水亦如此

河长制从长兴走向了浙江，又从浙江推向了全国。纵向上，省级主要领导、市委书记市长、区委书记区长、镇委书记镇长、村支部书记村委会主任，各级“河长”形成治水“首长责任链”；横向上，发展改革、财税、水利、国土、农业、交通、环保、住建、工商、公安乃至监察组织人事部门各有分工、各具使命。横向组织间网络协调机制及纵向责任制链条整合机制等协同的努力使得流域生态治理的碎片化现状得到了一定程度上的改善，形成了县域范围内一盘棋治水的良好格局。政府通过限制向河湖排污、防治水体污染，严禁侵占河岸、乱采乱挖等手段保护河流湖泊，可见河长制的整体性结构思维模式不仅体现在负责河流“水质达标”，更体现在管好整个河流水资源、水环境、水生态。这是马克思主义哲学原理中整体性、系统性发展的思维方式。

（二）工作成效出于层层落实责任

严格执行工作责任制，特别是对治水这样的重点任务，一定要铆紧各方责任、层层传导压力，确保不折不扣落实到位。河长制能否发挥实效，关键在于防治责任的真正细化，组织形式的条分缕析，以及责任主体的精确锁定。长期以来，河流湖泊的生态保护，由于涉及水资源保护、水域岸线管理、水污染防治、水环境治理等多方面内容，多部门权责交叉，时常陷入多方治水、治而无功的尴尬境地。权责明晰，更要履责有力，将用心良苦的制度设计真正转化为务实可行的环保行动，这才是长兴县推动“河长制”迈向“河长治”的关键。在河长制中，由当地党政主要负责人担任“河长”，实现了涉水相关职能部门的资源有效整合，很好地缓解了部门间的利益冲突，使流域生态治理短期内得到极大的改善。这样的制度设计最大限度地整合了各级政府的执行权力，通过力量的协调分配，对流域水环境中的各个层面进行了有力管理，有效降低了分散管理中的管理成本和难度，整合协调了涉多个水资源管理部门的资源，在流域水资源流动不可分割的自然生态规律中很好地实行协调统一，管理效率明显增强。这不仅要构建责任明确、协调有序、监管严格、保护有力的河湖管理保护机制，更要对目标任务完成情况进行考核，强化激励、问责制度。给每一条河流，对应一个负责任的名字，并切实推动举措“真落地”、责任“真落实”，确保实现河湖永畅长清。

（三）全民参与是治水必胜的保障

只有充分保障公众知情权，鼓励公众充分参与，才能推动政府环境执法和企业整改。河长制为的是牵头抓总、统筹协调，最大限度整合各级党委政府的执行力，弥补早先多头管理的不足，真正形成全社会治水的良好氛围。为引导和鼓励全民参与，长兴探索设立“巾帼护水岗”“河小二”等，充分发挥全社会管理河湖、保护河湖的积极性，大力推行全民治水。大力引导社会公众参与，形成社会公众与政府部门的良性互动氛围，构建形成水环境善治格局。通过建立河长制工作 QQ 群、微信群等信息化即时通信平台，让更多的民间“河小二”主动承担家乡“治水”工作。通过长兴县干部群众敢于探索、追求创新的改革思维，使河长制达致一种善治。

作者简介

项晓艳（1984.10—），女，中共长兴县委党校（长兴县行政学校）副校长。